U0159489

工程卫士
建设费家

王早生

二〇二二年八月十六日

2024 中国建设监理与咨询

——监理技术展望与信息化建设

组织编写　　中国建设监理协会

中国建筑工业出版社

图书在版编目（CIP）数据

2024 中国建设监理与咨询.监理技术展望与信息化建
设 / 中国建设监理协会组织编写.— 北京：中国建筑
工业出版社，2024.3
ISBN 978-7-112-29634-7

Ⅰ.①2… Ⅱ.①中… Ⅲ.①建筑工程 – 监理工作 –
研究 – 中国 Ⅳ.① TU712.2

中国国家版本馆 CIP 数据核字（2024）第 051051 号

责任编辑：陈小娟 焦 阳
责任校对：王 烨

2024 中国建设监理与咨询
——监理技术展望与信息化建设
组织编写 中国建设监理协会
*
中国建筑工业出版社出版、发行（北京海淀三里河路 9 号）
各地新华书店、建筑书店经销
北京雅盈中佳图文设计公司制版
天津裕同印刷有限公司印刷
*
开本：880 毫米 ×1230 毫米 1/16 印张：$7\frac{1}{2}$ 字数：300 千字
2024 年 2 月第一版 2024 年 2 月第一次印刷
定价：35.00 元
ISBN 978-7-112-29634-7
（42720）

版权所有 翻印必究
如有内容及印装质量问题，请联系本社读者服务中心退换
电话：（010）58337283 QQ：2885381756
（地址：北京海淀三里河路 9 号中国建筑工业出版社 604 室 邮政编码：100037）

编委会

主任：王早生

副主任：李明安　刘伊生　修　璐　王学军　工延兵
　　　　　王　月

主编：刘伊生

委员：

方永亮	王伟星	王怀栋	王晓觅	王　莉	王雅蓉
王慧梅	史俊沛	甘耀域	田　毅	石　晴	刘永峰
刘志东	刘　涛	刘基建	刘　森	吕艳斌	孙占国
孙惠民	朱泽州	朱保山	江如树	艾万发	许远明
许继文	何　利	何祥国	吴红涛	吴树勇	吴　浩
应勤荣	张　晔	张铁明	张善国	李三虎	李　伟
李伟涛	李振文	李海春	李银良	李富江	李　强
李　慧	杜鹏宇	杨卫东	杨　丽	杨德凌	汪　成
汪成庆	汪　洋	周　俭	孟慧业	苏锁成	苏　霁
邱溪林	陈大川	陈永晖	陈洪兵	陈凌云	陈晓波
陈　敏	姜　军	姜艳秋	胡明健	赵　良	赵国成
饶　舜	徐友全	晏海军	秦有权	高红伟	高春勇
曹顺金	莫九来	龚花强	龚建华	韩　君	黄　勇
黄　强	蔡东星	穆彩霞			

目录 CONTENTS

中国建设监理协会《建设工程监理团体标准编制导则》修订课题验收会在郑州顺利召开

2024年1月19日，中国建设监理协会《建设工程监理团体标准编制导则》（以下简称"《导则》"）修订课题验收会在郑州召开。中国建设监理协会会长王早生出席会议并讲话，中国建设监理协会副会长刘伊生担任验收组组长，中国建设监理协会副秘书长温健、武汉市工程建设全过程咨询与监理协会会长汪成庆、上海市建设工程监理咨询有限公司董事长龚花强、国机中兴工程咨询有限公司执行董事李振文担任验收评审专家，中国建设监理协会国际部副主任王婷，编制组组长、河南省建设监理协会会长孙惠民出席了验收会。会议由中国建设监理协会副秘书长温健主持。

验收组专家听取了编制组的编写工作汇报，详细审阅了课题研究成果资料，对有关问题进行了质询和讨论，并提出修改建议。验收组专家评议认为，编制组提交的课题验收资料齐全、翔实，符合验收要求。《导则》编制组在调查研究和广泛征求意见的基础上，编制的《导则》对建设工程监理团体标准编制具有指导意义，有利于促进工程监理工作的标准化、规范化。该课题完成合同规定内容，达到预期目标。验收组专家一致同意通过审查验收。

王早生会长充分肯定了编制组取得的成果，并对编制组专家踏实的研究态度和辛勤的付出表示感谢。他指出，《导则》修订的目的在于进一步加强对标准制定工作的规范和引导，加快团体标准编制工作的标准化、规范化进程，为监理行业的团体标准编制提供编写指南。他强调，《导则》是编写标准的标准，对指导行业标准编写工作，推动逐步形成全行业标准化的治理体系和引领全行业的发展都具有重要意义。大家要高度重视，切实做好《导则》编制及验收工作，为行业开展标准编制工作奠定基础，为行业的持续健康发展做出更多贡献。

刘伊生副会长指出，《导则》的审查验收应坚持问题导向、成果导向，着重看《导则》有没有解决行业团体标准编制工作面临的问题。一是标准术语如何确定，以及作为术语的必要性，包括新名词的定义、既有名词的含义界定等；二是标准框架结构如何确定，例如按照工程的组成或按照工作的程序组织结构；三是标准的条文如何编写。

温健副秘书长强调，经过认真审查，验收组专家提出了问题和修改建议。包括着眼解决标准编制工作中遇到的困难和问题，需要对该标准的有关章节进行调整，对术语、条文进行修改，同时要注意标准的行文逻辑及其与国家标准和其他标准关系的协调等。建议编制组按照专家提出的修改意见，进一步调整完善，拿出高质量的编制成果，为下一步行业开展团体标准编制工作提供指导。

河南省建设监理协会孙惠民会长指出，编制组将按照验收组专家提出的意见认真修改，尽快完善。

中国建设监理协会召开工作座谈会

为深入贯彻党的二十大精神和习近平总书记关于高质量发展的重要指示精神，总结协会近年来的成绩和经验，谋划未来几年的重点工作和发展规划，明确 2024 年的总体工作思路，2024 年 1 月 9 日，中国建设监理协会在北京召开工作座谈会。中国建设监理协会会长王早生、副会长兼秘书长李明安，北京交通大学教授刘伊生，同济大学教授乐云，北京建筑大学教授姜军，部分省市协会领导、专家出席会议并发言。会议由中国建设监理协会副秘书长温健主持。

会议以监理行业高质量发展为主线，紧密结合党和国家的战略规划，结合住建部的总体部署、全国住房城乡建设工作会议精神、住建部王晖副部长在中国建设监理协会第七届会员代表大会上的讲话精神以及协会的发展方向展开研讨，立足谋划、着眼实干。协会作为政府和监理企业的桥梁和纽带、监理行业理论研究和成果推广的重要阵地、保障工程质量安全的重要力量，应持续引领监理行业坚守保障工程质量安全、为全社会提供高品质建筑的初心，维护社会公众利益，实现监理价值。

会议提出，在新形势新要求下，必须把握好监理行业发展的形势和内外部环境，保持强烈的忧患意识、危机意识和责任意识，要有坚定的目标追求和思想定力。坚持目标导向，为促进监理行业高质量发展，重点研讨，提出解决问题的新思路，找到切实有效的新办法。会议强调，要以习近平新时代中国特色社会主义思想为指导，全面贯彻落实党中央、国务院决策部署，锐意进取，主动作为，夯实基础，深化改革，开创工程监理发展新局面，促进建筑业高质量发展。

会议指出，协会始终以国家、社会、人民对于工程监理行业的需求为导向，积极开展各项工作，勇于担当，充分发挥服务政府、服务行业、服务会员的作用。在对标一流协会的建设目标上，协会依然存在着短板和弱项，面临着很多困难和挑战。2024 年协会坚持问题导向，正视存在的短板和弱项，积极提出解决办法，重点做好协会 2024 年的工作。

中国建设监理协会副会长兼秘书长李明安一行赴北京市建设监理协会调研

2024 年 1 月 26 日，中国建设监理协会副会长兼秘书长李明安一行赴北京市建设监理协会进行调研交流，中监协相关部门负责人陪同调研。北京市建设监理协会会长张铁明、秘书长李伟、监事长潘自强、名誉会长杨宗谦以及部分副会长等参加座谈交流。会议由张铁明会长主持。

李明安副会长兼秘书长首先介绍了此次调研交流活动的目的和内容，对北京市建设监理协会近年来取得的成绩表示祝贺和肯定，对北京市建设监理协会对中监协工作的大力支持表示感谢。希望借此次调研交流机会，学习北京市建设监理协会的宝贵经验和好的做法，同时听取北京市建设监理协会对中监协进一步改进协会工作、服务好会员的意见和建议，提高协会整体服务水平，促进监理行业健康发展。

张铁明会长对中监协领导的到访表示热烈欢迎，并表示北京市建设监理协会将一如既往地支持中监协的工作。北京市建设监理协会李伟秘书长、潘自强监事长、杨宗谦名誉会长以及陈东升、高玉亭、刘秀船等七位副会长分别介绍了协会在课题研究、诚信建设、监理履职成效、社会责任等方面开展的相关工作，并结合北京监理实际对人员技术水平提高、团体标准编制、全国统一大市场等方面提出了好的建议。

中国建设监理协会会长王早生在江苏徐州专题调研工程监理服务费专户管理工作

2024年1月27日，中国建设监理协会会长王早生一行在江苏省徐州市调研工程监理服务费专户管理工作，组织专题座谈会，详细了解徐州市工程监理行业发展及工程监理服务费专户制度实施情况。江苏省住房和城乡建设厅建筑市场监管处二级调研员李新忠、江苏省建设监理与招投标协会会长陈贵、秘书长曹达双等陪同调研。

1月27日上午，在徐州市住房和城乡建设局会议室组织专题座谈会。会上，徐州市住房和城乡建设局副局长高吉才介绍了徐州市工程监理行业管理工作情况，重点介绍了工程监理服务费专户管理制度出台背景、主要内容及实施效果等情况。徐州市人大监察司法工委负责人王庆彬介绍了《徐州市人民代表大会常务委员会关于改进监理费用支付方式保障工程项目质量和安全的决定的通知》的出台背景和任务目标。会上，工作人员还对徐州市智慧监理专户监管系统的操作流程进行了演示。

王早生会长对徐州市工程监理服务费专户制度的实施给予了充分的肯定。他指出，徐州市先行试点，积极探索创新监理费用支付新模式，规范了监理行业秩序，提升了质量安全管理水平。他强调，徐州市要根据监理专户制度实施情况，及时总结，形成可复制推广的监理改革创新经验，进一步推动工程监理行业高质量发展。

1月27日下午，王早生会长一行还分别到徐州市建设监理协会和徐州市建设工程监理公司进行调研，深入了解徐州市建设监理协会工作开展情况和企业发展情况。

（江苏省建设监理与招投标协会　供稿）

中国建设监理协会副会长兼秘书长李明安一行赴上海市建设工程咨询行业协会调研

2024年2月6日，中国建设监理协会副会长兼秘书长李明安一行赴上海市建设工程咨询行业协会进行调研交流，中监协相关部门负责人陪同调研。上海市建设工程咨询行业协会顾问会长孙占国、秘书长徐逢治、常务副会长张强以及部分副会长、常务理事、理事等参加座谈交流。座谈会还特别邀请了同济大学乐云教授出席。会议由徐逢治秘书长主持。

李明安副会长兼秘书长介绍了此次调研交流活动的目的和协会2024年工作安排，并充分肯定了上海市建设工程咨询行业协会近年来取得的成绩，对上海市建设工程咨询行业协会长期以来对中监协工作的大力支持表示感谢。希望借此次调研交流机会，学习上海市建设工程咨询行业协会的宝贵经验和好的做法，同时听取上海市建设工程咨询行业协会对中监协2024年工作安排的建议和意见，进一步提高协会服务能力和水平，充分发挥协会作用，促进监理行业持续健康发展。

徐逢治秘书长对中监协领导的到访表示热烈欢迎，并表示上海市建设工程咨询行业协会一定大力支持中监协的工作。同济大学乐云教授表示，中监协2024年的工作内容丰富翔实、站位较高，今后将积极参与中监协工作，共同推动监理行业的发展。上海市建设工程咨询行业协会顾问会长孙占国，常务副会长张强，副会长杨卫东、龚花强、曹一峰、邓卫，副监事长庄贺铭等结合中监协2024年工作安排，从理论研究、成效宣传、标准编制、行业自律、专家库建设、国际交流等方面提出了好的建议。

山东省建设监理与咨询协会第七届会员代表大会胜利召开

2024年1月26日上午，山东省建设监理与咨询协会第七届会员代表大会暨七届一次理事会、七届一次监事会在济南胜利召开。中国建设监理协会会长王早生，山东省住房和城乡建设厅党组成员、副厅长王润晓，二级巡视员殷涛，工程质量安全监管处处长李军，质量安全中心主任王华杰等领导出席会议，全省各市地监理协会和会员代表共350余人参加会议。

大会共分四个阶段，分别由省协会六届理事会副理事长兼秘书长陈文、副理事长张恒及七届理事会秘书长曾大林主持。

第一阶段，大会审议通过了省协会六届理事会工作及财务报告，六届监事会工作报告，修改章程的报告，会费缴纳管理办法，换届选举办法，第七届理事会理事、监事会监事候选人情况等报告文件。会议以无记名投票的形式，选举产生了省协会第七届理事会和监事会，牛勇等259人当选为七届理事会理事，林峰等5人当选为七届监事会监事。

第二阶段，召开了省协会七届一次理事会暨常务理事会、七届一次监事会，会议投票选举刘宗芝等89人为七届理事会常务理事；选举陈文为七届理事会会长；选举张恒、李世钧、曹美香、王胜涛、张锐、刘岩田、游林、谢永刚、张济金、曹金采、王华、李军、毕京松、杨华文等14人为七届理事会副会长；选举林峰为七届监事会监事长、薛军为七届监事会副监事长；聘任徐友全为七届理事会名誉会长、曾大林为七届理事会秘书长。

第三阶段，陈文会长代表新一届理事会作表态发言，将认真履职、积极作为，坚定不移地落实党对协会工作的全面领导，持续优化协会内部治理结构，努力打造具有更强影响力、凝聚力、公信力的监理与咨询行业协会，践行服务国家、服务社会、服务群众、服务行业的初心使命。

王早生会长首先对大会的胜利召开表示祝贺，然后，针对新形势下监理行业的发展提出，一要持续深化改革；二要始终站稳人民立场，主动承担社会责任；三要切实履行监理责任，保证工程质量，当好业主、政府助手；四要积极向咨询方向转换监理角色定位。

王润晓副厅长代表省住建厅对省协会换届大会的成功召开表示热烈祝贺，对省协会工作给予充分肯定；对全省下一步工程建设监理与咨询工作和省协会提出了明确要求：一是要提高站位、凝聚共识，坚决扛起时代新担当，进一步明确监理定位、进一步维护市场秩序、进一步落实监理责任；二是要把握形势、锚定重点，全力塑造行业发展新形象，做公众利益的维护者、质量安全的捍卫者、转型发展的实践者、科技进步的引领者、人才建设的先行者；三是要强基转型、固本培元，奋力开创协会高质量发展新局面，发挥桥梁纽带作用，持续推进行业自律，提升协会服务水平。

第四阶段，省协会安排行业发展专题研讨会，邀请省住建厅原副厅长、一级巡视员耿庆海作城市更新与新型城镇化报告并解析2024年全省建设工作九大要点；邀请浙江江南工程管理股份有限公司副总裁金桂明、元亨工程咨询集团有限公司专家曲绍红分别从企业转型升级和人才培养探索、数智管理等方面作了专题研讨。

会议得到了中国建设监理协会、省住房城乡建设厅、省民政厅等部门领导的高度重视、精心指导和大力支持，收到了中国建设监理协会及27个省内外兄弟协会的贺信贺辞。山东省建设监理与咨询协会第七届会员代表大会圆满完成了各项预定议程，胜利闭幕。

（山东省建设监理与咨询协会　供稿）

北京监理企业为城市副中心高质量建设保驾护航

2023 年 12 月 29 日，北京城市副中心行政办公区二期工程建设总结会在北京市政府召开。北京市人民政府副市长、城市副中心管委会主任谈绪祥，北京市城市副中心管理委员会副主任、城市副中心行政办公区工程办主任王承军，北京城市副中心工程办、市区有关部门领导以及二期工程参建单位代表出席会议。会议由北京市政府副秘书长程建华主持，北京华城、北京双圆、北京银建、北京兴电、北京泛华、北京光华、北京帕克等监理单位领导及总监理工程师参加会议。

按照议程，组织全体人员观看了行政办公区二期工程建设专题片，城市副中心领导为行政办公区建设者代表颁发了"行政办公区工程建设纪念证书"。这是对参建单位辛勤付出和卓越贡献的充分肯定。

泛华集团董事长杨天举作为监理单位代表在会上作汇报发言，他表示监理单位将始终坚持为北京城市副中心做好优质服务的理念及行为准则，用良心把好材料、设备、工序等每一道关，用匠心确保过程、质量、安全受控，以公心科学公正地行使监理权力，履行法律赋予的职责，依法合规对工程的投资、进度、质量严格监控，为高质量推进城市副中心项目建设保驾护航。

王承军同志全面详尽地回顾了北京城市副中心行政办公区二期工程建设历程，总结了工程建设取得的丰硕成果并对各参建监理单位严格管理、精益求精，圆满完成各项监理工作提出了表扬。谈绪祥同志对北京城市副中心行政办公区二期工程的重要意义以及建设取得的成绩给予了高度的肯定和认可，并对后续维保、结算等工作作了重要指示。

北京城市副中心行政办公区二期工程总建筑面积约 96 万 m^2，共分为 7 个监理标段，部分项目实施工程总承包制（EPC），监理工作也前置至设计阶段，自 2019 年 8 月陆续启动土护降施工、2021 年 9 月全面封顶到 2023 年 10 月底完成竣工交用，各参建监理单位牢记总书记建设好北京城市副中心的殷殷嘱托，始终坚持党建引领，以高度的政治责任感和历史使命感全力以赴、昼夜奋战，项目建设取得了丰硕成果，实现了 2023 年 5 月习近平总书记提出的加快推进第二批市属行政事业单位迁入副中心的重要任务目标，并得到了入驻单位的高度肯定，展现出作为首善之区的北京监理企业的精神风貌。

规划建设北京城市副中心，是习近平总书记亲自谋划、亲自部署、亲自推动的千年大计、国家大事，是北京建城立都以来具有里程碑意义的一件大事。在京津冀协同发展战略部署实施十周年和习近平总书记 2019 年 1 月视察行政办公区五周年即将来临之际，在第二批市级行政部门稳妥有序搬迁的重要时刻，作为北京建设监理协会，我们将继续以高度的责任感和使命感，主动服务国家发展战略，引导会员单位诚信务实、精益求精，以务实担当和开拓创新的精神继续全力以赴做好搬迁保障工作和二期工程结算工作，为高质量建设北京城市副中心添砖加瓦。

（北京市建设监理协会 供稿）

贵州省建设监理协会五届四次常务理事会在遵义召开

2024 年 1 月 19 日，贵州省建设监理协会在遵义召开了五届四次常务理事会。应到常务理事 29 人，实到常务理事 26 人。协会会长张雷雄、常务副会长兼秘书长王伟星及副会长胡涛、古建林、郑国旗、张勤、余能彬、孙利民、杨庭林、陈旭炯、刘建明出席了会议，协会党支部书记、副秘书长刘洪德，副秘书长王京，监事会主席周敬及监事李智及 26 位常务理事参加了会议。协会名誉会长兼顾问杨国华，协会专家委员会、自律委员会、全过程咨询委员会负责人及遵义市、铜仁市和黔西南州工作部的负责人列席了本次会议。会议由常务副会长兼秘书长王伟星主持。

会议首先由副会长胡涛带领大家学习《求是》杂志 2023 年 16 期刊登的重要理论文章《深刻理解中国式现代化五个方面的中国特色》。胡涛副会长指出，党的二十大报告概括了中国式现代化在五个方面的特色，深刻揭示了中国式现代化的科学内涵。要实现中华民族伟大复兴，必须坚持走新时代中国特色社会主义道路。我们要加强学习坚定信念，加强协会自身的建设，发挥行业协会的桥梁和纽带作用。要凝聚全行业的力量，推动贵州省工程监理行业高质量发展。

本次会议对张雷雄会长关于《贵州省建设监理协会 2023 年工作报告》及王伟星秘书长关于《贵州省建设监理协会 2024 年工作计划》进行了审议，经过讨论，会议原则同意协会 2023 年工作总结和 2024 年工作计划，经调整及补充后提交五届理事会审议。会议还听取了王伟星秘书长对协会 2023 年财务收支情况的通报。

陈旭炯副会长对申请入会的 29 家企业的基本调研情况进行了介绍，经会议代表表决，一致同意接收新申请的 29 家监理企业入会。会议还讨论了关于会长轮值的有关事项。协会党支部书记刘洪德同志向常务理事会介绍了 2023 年协会党支部工作情况及 2024 年工作计划的主要内容。

张雷雄会长作了会议总结。他说，近年来监理行业，面临着前所未有的困难和挑战。希望大家与时俱进，转变传统的思维方式，调整经营策略，适应当前行业发展的趋势和潮流。要坚守初心，不断探索，把握新的发展机遇。监理企业不能停滞不前，更不能自我封闭，要积极作出调整，加快转型升级的步伐。要相信政府，坚定信心，勇往直前。前两届协会理事会积累的宝贵经验和优良传统，是我们协会工作的基石，希望能继续将其发扬光大。对于协会目前存在的不足，要及时作出调整和改进，以保持协会工作的活力和前瞻性。希望各位常务理事、各位与会人员继续携手并进，共同为贵州省监理行业的转型升级和高质量发展贡献力量。

（贵州省建设监理协会　供稿）

住房城乡建设部办公厅关于开展2023年工程勘察设计、建设工程监理统计调查的通知

建办市函〔2024〕11号

各省、自治区住房城乡建设厅，直辖市住房城乡建设（管）委，北京市规划和自然资源委，新疆生产建设兵团住房城乡建设局：

为全面掌握工程勘察设计、建设工程监理行业情况，我部制定了工程勘察设计、建设工程监理统计调查制度（见附件1、2，以下统称统计调查制度）。现就开展2023年全国工程勘察设计、建设工程监理统计调查有关事项通知如下。

一、统计调查范围

全国工程勘察设计、建设工程监理统计调查范围为2023年1月1日至2023年12月31日期间持有住房城乡建设主管部门颁发的工程勘察资质、工程设计资质、工程监理资质证书的企业。

二、报送流程

各省级住房和城乡建设主管部门要按照统计调查制度要求，组织开展本地区2023年度统计调查工作，并组织每月填报建设工程勘察设计、监理领域就业人员情况。

（一）年报

1. 各级住房和城乡建设主管部门组织有关企业于2024年2月28日前，登录全国工程勘察设计、建设工程监理统计调查信息管理系统（https://jzsctjbb.mohurd.gov.cn，以下统称统计调查系统）填报各项统计调查数据，上传经本

企业法定代表人签字和加盖企业公章的企业填报信息承诺书（附件3）扫描件。

2. 地市级住房和城乡建设主管部门负责审核本地区统计调查数据，确保数据完整、准确。审核完成后，于2024年3月15日前通过统计调查系统将本地区统计调查数据报送省级住房和城乡建设主管部门。

3. 省级住房和城乡建设主管部门负责本地区统计调查数据的复核和汇总，复核完成后，于2024年3月31日前通过统计调查系统报送本地区统计调查数据。

4. 省级住房和城乡建设主管部门组织本地区年度工程勘察设计收入（不含子公司，下同）8亿元人民币以上（含）的企业，于2024年5月31日前通过统计调查系统，将经本企业法定代表人签字并加盖企业公章的财务指标申报表，以及反映企业工程勘察设计收入的合法财务报表扫描件上传。未在规定时间内按要求报送或报送材料不能准确反映工程勘察设计收入的企业，将不列入全国工程勘察设计收入排序名单。

（二）月报

1. 各级住房和城乡建设主管部门组织有关企业于每月7日前，登录统计调查系统填报人员就业情况表。

2. 省级住房和城乡建设主管部门负责本地区人员就业数据的复核和汇总，

复核完成后，于每月10日前通过统计调查系统报送本地区人员就业数据。

三、工作要求

（一）各级住房和城乡建设主管部门要高度重视，加强统筹协调，精心组织实施，做好统计调查数据报送和审核工作，确保统计调查数据上报及时、完整、准确，坚决防范和惩治数据造假、弄虚作假情况，保障统计数据质量。

（二）各级住房和城乡建设主管部门要指导有关企业认真学习统计调查制度，准确理解统计指标含义，审核数据之间的逻辑关系，按时、准确上报统计调查数据。

统计调查系统供有关企业和各级住房和城乡建设主管部门免费使用。用户可在统计调查系统首页下载操作说明，按照操作说明进行登录和操作，如遇问题请与我部建筑市场监管司联系。

联系电话：工程勘察设计统计调查，010-58934169；建设工程监理统计调查，010-58933790；技术咨询，010-88018812、88018813。

附件：（略）

住房城乡建设部办公厅

2024年1月4日

（此件主动公开）

（来源：住房和城乡建设部网）

关于印发《中国建设监理协会2024年工作要点》的通知

中监协〔2024〕12号

各省、自治区、直辖市建设监理协会，有关行业建设监理专业委员会，中国建设监理协会各分会，各会员单位：

《中国建设监理协会2024年工作要点》经协会七届一次理事会暨常务理事会审议通过，现印发给你们，请结合实际做好相关工作。

附件：中国建设监理协会2024年工作要点

中国建设监理协会

2024年2月23日

附件：

中国建设监理协会2024年工作要点

中国建设监理协会2024年工作总体思路：坚持以习近平新时代中国特色社会主义思想为指导，深入贯彻党的二十大精神，认真落实全国住房和城乡建设工作会议部署，坚定不移贯彻新发展理念，不断提高服务能力和水平，引领监理行业高质量发展。2024年重点做好以下工作：

一、强化党建引领

1.坚持党对一切工作的领导，充分发挥党组织决策监督把关作用，为协会和行业高质量发展提供组织保障。

2.加强党员队伍建设和党风廉政建设，发挥党组织政治引领和党员先锋模范作用，推进党建工作与协会业务深度融合。

3.巩固发展主题教育成果，建立健全以学铸魂、以学增智、以学正风、以学促干的长效机制。

二、开展调查研究

4.选择部分省市就如何改进协会工作进行调研，听取会员关于促进行业改革发展和改进协会工作的意见和建议，进一步提高协会为会员服务的能力和水平。

5.围绕监理改革、行业自律、技能竞赛、信息管理平台建设及数智化监理手段等开展专项调研，形成调研报告。

三、加强智库建设

6.成立监理与咨询创新发展工作委员会，对行业改革发展进行战略性、前瞻性研究，编写和发布2024年度工程监理行业发展报告，为政府主管部门决策、监理行业发展提供参考依据。

7.修订协会专家委员会管理办法，优化专家委员会机构设置，形成专业覆盖全面、研究范围广泛、交流与动频繁、工作成果显著的智囊团队。

8. 制定协会研究课题管理办法，规范协会课题管理工作。充分发挥专家智库作用，组织研究新形势下工程监理新需求和新手段，做好 2024 年度课题研究工作。

四、加强人才培养

9. 与地方协会合作开展业务辅导活动，加强政策与标准宣贯、强化新技术推广应用，促进个人会员业务素质提高。

10. 与地方协会联合开展监理知识竞赛、企业高管业务培训等活动，营造良好的学习氛围。

11. 修订"监理工程师学习丛书"，更新网络业务学习课件，充实"学习园地"内容。

五、完善标准体系

12. 组织修订协会团体标准管理办法，加强和规范协会团体标准管理工作。

13. 做好 2024 年度协会团体标准的编制、发布工作，为规范监理行业发展提供支撑。

六、搭建交流平台

14. 组织召开中国工程监理大师座谈会，充分发挥工程监理大师行业引领作用。

15. 组织召开监理行业创新发展研讨会，提升行业影响力和凝聚力。

七、做好会员服务

16. 积极发展会员，完善会员管理系统，提高服务效率。

17. 为个人会员提供免费业务辅导，做到学有所获。

18. 探索单位会员互认，建立全国统一大市场，减轻企业入会负担。

19. 做好"鲁班奖"和"詹天佑奖"获奖工程参建监理企业和总监理工程师名单通报工作。

八、做好奖项申报

20. 为推动工程监理行业科学技术进步，根据《社会力量设立科学技术奖管理办法》要求，协会将申报中国建设监理协会科技进步奖。同时，协会将探讨相关奖项的设立，积极开展监理优秀成果表扬活动。

九、做好行业宣传

21. 召开行业宣传工作会议，加大工程监理成果宣传，弘扬正能量。

22. 办好《中国建设监理与咨询》出版物，召开编委工作会议。

23. 加强新媒体宣传渠道建设，与地方协会联动，发挥协会网站与微信公众平台的宣传作用。

24. 编写出版典型工程监理案例，宣传工程监理成效。

十、加强国际交流

25. 主动适应国际化发展，探索国际交流渠道，提升行业国际影响力。同时，加强与香港测量师学会、澳门工程师学会的联系与交流。

十一、加强行业自律

26. 开展单位会员信用评价活动，引导单位会员诚信经营，促进监理行业诚信发展。

27. 组织召开监理行业自律和诚信建设交流会，激励和营造诚实守信的行业氛围。

十二、加强自身建设

28. 按照章程规定和工作需要，召开理事会、监事会、常务理事会等会议。

29. 加强秘书处内部建设。进一步完善秘书处各项规章制度，确保协会工作规范化、制度化。

30. 加强对分支机构的规范化管理。指导、监督分支机构规范开展各项活动。优化分支机构布局，根据实际需要增设相关分支机构。

十三、完成主管部门交办的工作

31. 组织开展《建设工程监理规范》修订工作。

32. 参与《注册监理工程师管理规定》等修订工作。

33. 做好全国监理工程师资格考试相关工作。

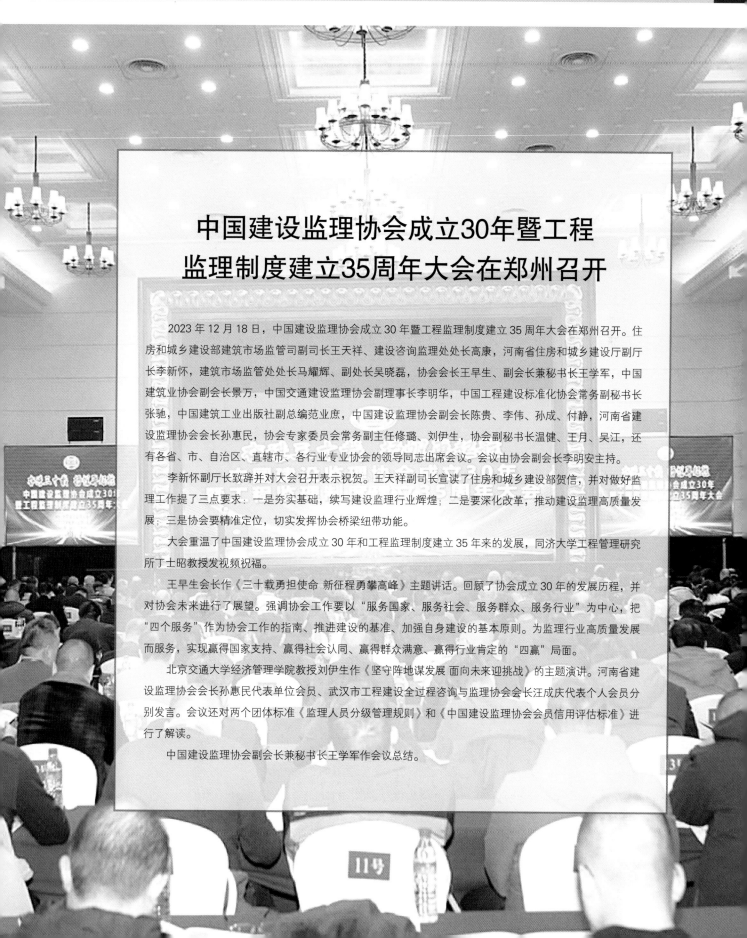

中国建设监理协会成立30年暨工程监理制度建立35周年大会在郑州召开

2023 年 12 月 18 日，中国建设监理协会成立 30 年暨工程监理制度建立 35 周年大会在郑州召开。住房和城乡建设部建筑市场监管司副司长王天祥、建设咨询监理处处长高康，河南省住房和城乡建设厅副厅长李新怀，建筑市场监管处处长马耀辉、副处长吴晓磊，协会会长王早生、副会长兼秘书长王学军，中国建筑业协会副会长景万，中国交通建设监理协会副理事长李明华，中国工程建设标准化协会常务副秘书长张驰，中国建筑工业出版社副总编范业庶，中国建设监理协会副会长陈贵、李伟、孙成、付静，河南省建设监理协会会长孙惠民，协会专家委员会常务副主任修璐、刘伊生，协会副秘书长温健、王月、吴江，还有各省、市、自治区、直辖市、各行业专业协会的领导同志出席会议。会议由协会副会长李明安主持。

李新怀副厅长致辞并对大会召开表示祝贺。王天祥副司长宣读了住房和城乡建设部贺信，并对做好监理工作提了三点要求：一是夯实基础，续写建设监理行业辉煌；二是要深化改革，推动建设监理高质量发展；三是协会要精准定位，切实发挥协会桥梁纽带功能。

大会重温了中国建设监理协会成立 30 年和工程监理制度建立 35 年来的发展，同济大学工程管理研究所丁士昭教授发视频祝福。

王早生会长作《三十载勇担使命 新征程勇攀高峰》主题讲话。回顾了协会成立 30 年的发展历程，并对协会未来进行了展望。强调协会工作要以"服务国家、服务社会、服务群众、服务行业"为中心，把"四个服务"作为协会工作的指南、推进建设的基准、加强自身建设的基本原则。为监理行业高质量发展而服务，实现赢得国家支持、赢得社会认同、赢得群众满意、赢得行业肯定的"四赢"局面。

北京交通大学经济管理学院教授刘伊生作《坚守阵地谋发展 面向未来迎挑战》的主题演讲。河南省建设监理协会会长孙惠民代表单位会员、武汉市工程建设全过程咨询与监理协会会长汪成庆代表个人会员分别发言。会议还对两个团体标准《监理人员分级管理规则》和《中国建设监理协会会员信用评估标准》进行了解读。

中国建设监理协会副会长兼秘书长王学军作会议总结。

中国建设监理协会第七届会员代表大会暨七届一次理事会、监事会在合肥隆重召开

2023 年 12 月 25 日，中国建设监理协会在安徽合肥召开第七届会员代表大会暨七届一次理事会、七届一次监事会。

住房和城乡建设部党组成员、副部长王晖出席会议并作重要讲话，住房和城乡建设部建筑市场监管司司长曾宪新、人事司副司长陈中博，安徽省住房和城乡建设厅党组成员、副厅长刘孝华，中国建设监理协会第六届理事会会长王早生、副会长李明安等领导出席会议。来自全国各省、自治区、直辖市建设监理协会、行业建设监理专业委员会、专业分会、专家委员会以及单位会员等领导、嘉宾、会员代表共计 1000 余人参加了会议。会议由中国建设监理协会第六届理事会副会长、换届工作领导小组副组长李明安主持。

住房和城乡建设部党组成员、副部长王晖在讲话时强调：要充分认识做好建设监理工作的重要性，坚守保障工程质量安全、为全社会提供高品质建筑的初心，展现新作为，做出新贡献。要准确把握监理行业发展面临的新形势、新问题，以创新的思维和举措，主动适应行业发展变化，更好发挥监理作用。要以实现人民群众对"好房子"的需求为目标，深化改革发展，加强能力建设，规范市场秩序，扎实推进监理行业高质量发展。希望中国建设监理协会在新一届理事会领导下，以习近平新时代中国特色社会主义思想为指导，全面贯彻落实党中央、国务院决策部署，锐意进取，主动作为，夯实基础，深化改革，开创工程监理发展新局面，促进建筑业高质量发展。

安徽省住房和城乡建设厅党组成员、副厅长刘孝华致辞，并预祝大会圆满成功。王早生会长作六届理事会工作报告。会议表决通过了六届理事会工作报告、财务报告、监事会工作报告，《中国建设监理协会章程》(修订草案)等文件。选举产生了协会七届理事会和监事会，张铁明等 365 人当选七届理事会理事，孙成双等 3 人当选七届监事会监事。

大会同期召开了中国建设监理协会七届一次理事会暨常务理事会，张铁明等 108 人当选理事会常务理事；王早生当选七届理事会会长，李明安当选副会长兼秘书长，王岩等 13 人当选副会长。同期还召开了七届一次监事会，孙成双当选七届监事会监事长。

新当选会长王早生代表七届理事会发言。

会议得到了住房和城乡建设部、民政部、中央社会工作部、中央和国家机关工委等部门领导的高度重视、精心指导和大力支持。中国建设监理协会第七届会员代表大会圆满完成了各项预定议程，胜利闭幕。

盾构隧道施工数智化与监理工作探索

赵启云

河南长城铁路工程建设咨询有限公司

摘　要：随着信息化技术应用和智能建造的发展，盾构隧道施工更加高效、安全，场景应用也为远程咨询、远程监控提供了便利，给监理数智化提供了空间。本文将探讨盾构隧道施工信息化、智能化技术应用下的监理工作的开展。

关键词：盾构隧道施工；信息化技术；智能化服务管理；数智化；监理工作

引言

随着施工装备技术的发展，盾构隧道施工中不断引入信息化技术和智能化服务管理，施工效率提高，安全更有保障，同时向监理工作、建设管理工作提出挑战和建立发展平台的需求。本文以广湛高铁湛江湾海底隧道为背景，介绍盾构隧道施工信息化技术应用及智能化服务管理的现状，探讨监理数智化发展的意义。

一、工程背景

湛江湾海底隧道是广湛高铁控制性工程，隧道全长9640m，单洞双线，设计时速250km，最大埋深31m，最大水压6bar，其中盾构段7352m，是目前国内独头掘进最长的大直径跨海高铁隧道；盾构段开挖直径14.33m，管片外径13.8m，内径12.6m，环宽2m，厚0.6m，管片衬砌C60 P12；全环采用"7+2+1"模式，由1块封顶块K、2块邻接块B和7块标准块A构成。轨下结构采用中间预制"口子件"+两侧现浇形式。接触网吊柱基础采取在管片内预埋槽道的形式。

二、盾构隧道施工信息化技术应用

（一）智慧平台

基于BIM技术的长距离超大直径湛江湾海底盾构隧道建设一体化管理应用以项目整体管理应用需求为出发点，以施工重难点为突破口，通过BIM+GIS的形式将综合驾驶舱、智慧工地等多种功能模块融合，打造施工一体化智慧平台。施工单位通过自身管理运行实现达索建模、智慧工地与智慧综合管控中心平台数据互通，建设单位与监理单位共同监督实现工程项目的查、管、控、建全面协同，从设计深化、施工管理、运维交付三个阶段展开全生命周期的BIM技术应用探索和研究，成体系地应用BIM技术提升工程科学建管、精准施工和安全运维水平，达到提高效率、节约成本、优化质量的目标（图1）。

智慧平台的功能简介：

①收集数据、整合数据、分析数据，通过图表结合GIS+BIM直观呈现出项目进展状况。

②对工地工程的质量、进度、人员、告警、车辆、设备、物资、视频监

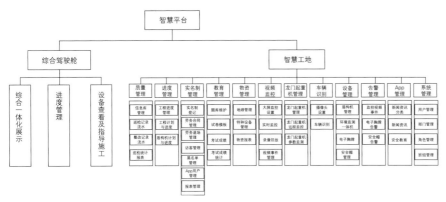

图1 智慧平台架构

图2 广东省管铁路数字化平台

控、安全教育等多方面进行集中管理及可视化汇总查看。

③数据智能处理，生成符合管理习惯的动态图表，为项目提供更好的管理决策支撑。

④结合智慧工地硬件设备，查看管理施工现场。

⑤包含综合一体化展示、可视化实时监控、进度管理及设备统一查看模块。

1.综合驾驶舱

综合一体化展示，通过BIM+GIS的方式，综合展示各维度数据，包括项目基本情况、施工现场配置情况、施工进度、安全质量、工点天气、人员曲线、实时监控数据、实时告警数据、设备信息等，呈现项目整体运行情况，显示各施工节点信息，辅助监管人员、监理人员全面掌控施工进度及周边环境情况。

2.进度管理

采用施工模拟、虚拟场景等方式，集成施工过程进度、质量信息，通过BIM+GIS场景对施工现场人员、施工方法、周边环境等信息进行综合模拟，对施工进度、质量、安全风险进行评估，辅助施工决策，发现问题及时调整施工组织、物料进场等。

3.模型查看及指导施工

研发数据接口，对接现场预制工厂的数据。利用BIM轻量化引擎展示广湛铁路湛江湾海底隧道模型，通过模型构件查看对应的设备属性信息。

4.施工监控与测量

在施工过程中，利用传感器、无线网络传输等技术实现对盾构机工作状态、地表变形、周围环境等关键指标的实时监控，确保施工安全。同时，通过自动化测量设备和技术，对隧道轴线、净空限界等关键参数进行精确测量，确保施工质量。

5.与其他平台的关联

通过构建信息化平台，集成盾构隧道施工过程中的各类数据，实现信息的共享、分析和处理。这有助于提高施工决策的及时性和准确性，加强各参建方之间的沟通与协作。该工程项目管理及监理活动中关联了广东省管铁路数字化平台（图2）和河南长城监理通平台。

（二）BIM技术应用

1.空间碰撞检查

通过建立管片BIM模型，我们可以模拟检查和验证各个部位之间的空间碰撞情况。在进行预制预埋槽道环和预埋健康监测管路环的施工时，我们可以

充分利用空间碰撞检查功能来模拟各个部位之间的空间位置关系。这样做可以优化预埋件的设计、安装和加固方案，提高预留预埋施工的质量和精度（图3）。

2.可视化交底

根据设计图纸，我们可以建立一个管片BIM模型，通过三维模型的呈现，直观地展示钢筋安装位置和预埋管道位置，从而更加清晰地理解设计意图，并为施工提供准确的指导。此外，利用BIM技术还可以提前发现和解决施工中可能出现的问题，提高施工效率和质量。

3.预埋槽道环安装

根据设计接触网下锚段连续预埋槽道环拼装位置提前设定相应的拼装点位。根据当前盾构姿态工况，建立BIM模型推演管片标准环楔形累计量与当前对应盾尾间隙的相对关系，以验证连续拼装点位选取的合理性。监理单位在槽道原材检测→槽道环管片预制生产→槽道环管片质量验收→槽道环管片安装→槽道环成果验收全过程中参与层层把关，通过这一方法，推动大直径高铁隧道实现首次全隧道预埋预留并达到预期效果。

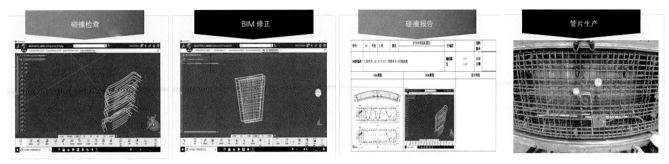

图3　空间碰撞检查

三、盾构隧道施工智能化服务管理

（一）盾构智能化管理

盾构施工智能化管理包括盾构施工参数控制、实时监控、气体监测、人员告警、安全告警、人员定位等模块系统。通过盾构施工智能化信息管理可对整个项目的安全、进度、质量、文明施工、环水保等方面进行全局把控，有效降低人为管理存在的不稳定性，大幅提高整体管理成效，为盾构安全高效掘进提供强有力保障。监理人员可以实现对盾构施工各个方位的检查与监控（图4）。

（二）智慧指挥中心

智慧指挥中心与后方专家平台通过无线网络对接，充分利用信息化和数字时代的技术优势，推动远程专家诊断技术的发展。从工程施工开始，就能够实现工程医院的职能，充分发挥生成期过程精细控制和专家指导的优势。通过远程诊断，不仅可以提高精品工程的产出率，还能够降低施工生产期的作业风险，为工程施工提供更加智能化和可靠的支持。

（三）盾构家—盾构监控系统

盾构家是一款移动式实名制App，旨在提供全面的施工数据收纳库。通过该App，用户可以随时随地关注现场盾构施工情况。盾构在不同地层掘进过程中产生压力、推力、扭矩、姿态等异常时，该App能够立即预警。同时，盾构家还提供相关案例参考，包括设备维修故障、施工技术方案、风险预计评估等，从而有效降低施工风险和隐患。通过盾构家，施工人员和相关管理人员能够更加全面地了解施工情况，提高施工效率和安全性（图5）。

（四）VMT系统

盾构施工过程中，导向系统的作用十分重要。它通过实时检测盾构机的姿态，防止掘进线路与设计轴线发生偏差，并将盾构机中轴线相对于隧道设计线路

图4　盾构智能化管理

图5　盾构监控系统

的位置关系显示在导向视图上，利于随时调整盾构姿态，减小偏差，保证隧道线形。

盾构机掘进控制机理为：在安装过程中通过人工测定预先确定好坐标的参考点来定向全站仪，并将测量基准资料输入系统电脑，再通过固定好位置和方向的全站仪自动测量盾构机里面的两块棱镜，通过标准勘测方法（系统附加功能）确定出全站仪新的位置，进而得出盾构机姿态。

导向视图不仅以图形形式展示盾构机的姿态变化，还可以用数字的方式进行显示。通过监测预警功能，可以及时发现盾构机在掘进过程中可能出现的问题，并提前采取措施进行修正。导向系统具有监测、导向、显示和预警等多种功能，可以帮助施工人员有效控制盾构机的姿态，保证施工线路的准确性，并最大限度地降低偏差和损耗。这种综合监测和预警的功能使得管理人员能够更加全面地了解盾构机的状况，确保施工质量和工程安全。

在盾构施工的过程中，为了保证导向系统的正确性和可靠性，在盾构机掘进一定的长度或时间之后，应通过洞内的独立导线检测盾构机的姿态，即进行盾构姿态的人工检测。

盾构姿态人工计算的校核原理。盾构机作为一个近似的圆柱体，在开挖掘进过程中不能直接测量其刀盘的中心坐标，只能用间接法推算出刀盘中心的坐标（图6）。

通过测量已知点位构建三维坐标图，运用数图结合几何计算盾构机刀盘中心点位水平、垂直偏航，盾构机的仰俯角和滚动角，从而达到检测盾构机姿态的目的。

通过 AutoCAD 作图求解盾构姿态。通过几何解算盾构姿态的缺点是在内业计算时，如果用人工手算，工作量相当大，而且难免出错，因此我们在进行解算时，是利用 AutoCAD 进行作图求解，相对于用几何方法解算，具有简单、高效、快捷的特点，比 VMT 导向系统测得的盾构姿态值和人工检测的盾构姿态值，拥有更高的精度（图7）。

在盾构的掘进过程中，监理单位不定期进行盾构姿态测量复核。姿态测量复核内容为平面偏差、高程偏差、俯仰角、方位角、滚转角及切口里程。根据标出的隧道方向线与盾构姿态测量结果，计算出盾构中心的偏差值，重新调整盾构的姿态，确保盾构姿态数值在规范要求范围内。

（五）管片智能化生产管理

1. 管片采用"1+14"自动化流水生产线模式（即1条先进的灌注线、14个独立式养护窑），配置4套高精度模具，全部养护生产工艺以主控室为中心，通过 SEW 变频动力系统、子母车、滚轮驱动等装置驱动模具不断循环来完成整

个盾构管片的生产预制。管片模具进场后，采用高精度模具扫描设备进行三维立体检测，精度精确到亚毫米级。监理人员可以通过模具扫描设备实现模具精度检测。

2. 管片自动化生产线采用智能控制系统，由灌注线、自动布料系统、隔振室、独立式养护窑、运行监控系统、自动脱模桁架系统、子母车接驳系统等组成，从根本上实现了从清模、混凝土灌注到养护的全流程智能化联动管理。与传统生产模式相比，智能生产线实现了数据自动化采集、工艺标准化管理、安全实时监测等（图8）。

3. 自动布料系统：由送料车、钢架梁、布料斗、提升门、振动房及振捣系统组成。所有开关全部集成至控制室，实现一键式灌注控制体系。送料车采用无线控制，可实现三挡速度行走（低速起步，高速运行，降速停车），在保证效率的前提下可以更加平缓地运输物料，同时采用 S-PST 称重传感器，能高精度智能检测料斗内物料量，同时配备 MVE400 振捣电机和智能自动开闭合油缸，保证下料的稳定性。

4. 振捣系统由隔振台、风动动力系统、高频振捣器组成。隔振台采用多个气囊进行减震，具备自动补气功能，在模具振捣时隔振台整体顶升，振捣完成后自动复位。振捣过程送料车中由风动动力系统提供动力，振捣过程无人工参

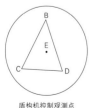
盾构机控制观测点

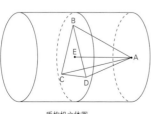
盾构机立体图

盾构机前端刀盘图

图6 盾构姿态人工计算的校核原理图

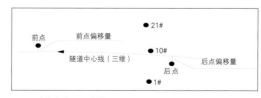

图7 盾构姿态CAD计算示意图

与，实现了混凝土振捣机械化、自动化、质量稳定、安全可控。

5. 自动脱模桁架系统：管片拆模吊装使用自动脱模桁架系统，通过专用行车配合真空吸盘完成，真空吸盘装置具有拆模强度条件低、不损伤管片外观的优点；相比于机械夹具要求混凝土强度达到 20MPa 拆模，使用真空吸盘在混凝土强度达到 15MPa 时即可拆模，平均拆模时间能够提前 2 个小时，能提升管片生产效率，加快生产线周转效率。真空吸盘采用双吊点设计，通过真空吸盘组件行程开关设置，吸盘采用双吊点，并通过定位点实现管片和吸盘的对中，起吊更平稳，大大降低了产品与模具的碰撞概率，提高了产品质量，整个自动脱模桁架系统具备以下特点：①操作便捷：形成独立桁架结构，实现人员一键操作；②效率高：避免交叉作业，提高了作业效率；③安全性高：形成吊装专用通道，并设置安全防护平台，保证吊装过程中的人员和设备安全。

6. 隔声振动室：振动室采用全封闭式设计，通过现场测量，确定实际噪声量及频段，通过隔声、吸声计算，针对性地选择吸声材料。混凝土振捣在全封闭振动室内进行，内墙张贴吸声棉，最大限度减轻了混凝土振捣过程中的噪声，降低了职业危害（图9）。

（六）智能化施工安全管理

利用智能化手段对施工现场进行安全管理与监控，实现风险的自动识别和预警。例如，通过人工智能技术对施工现场图像进行识别，自动检测潜在的安全隐患；通过大数据分析技术对施工安全历史数据进行分析，为决策提供依据。

1. 人员定位：通过在安全帽中加装定位芯片，可以实时追踪和定位员工的位置，以便及时了解他们的动向，并在紧急情况下，确保员工的安全撤离。

2. 应急喊话：在盾构隧道内，安装专用的应急集成网络喊话系统，以确保在紧急情况下能够进行有效沟通。系统能够提供紧急状态下的有效沟通保障，以应对各种突发状况。

3. 违章识别：现场进行摄像镜头安装，通过违章识别系统，对出现在视野中未佩戴安全帽等违章作业行为进行识别预警，以便及时采取措施进行干预。同时，我们会对违章行为进行记录和统计，以便后续进行整改和培训（图10）。

4. GPS 监控：在管片及箱涵等场外运输车辆上安装 GPS 监控定位系统，以实时掌握车辆的运输情况，控制行车速度，从而确保运输过程的安全。此外，这一系统可以提供全面的监控和管理，使您能够更好地把握车辆的运行状态和行驶路线，为运输工作提供有力的支持。

（七）智能化施工质量管理

通过智能化质量管理系统，对施工质量进行全过程监控和管理。例如，通过物联网技术对施工材料进行追溯，确保材料质量；通过自动化检测设备对施工质量进行在线检测，提高检测效率和准确性。

四、未来发展趋势与挑战

（一）数智化应用问题

盾构机数智化应用给盾构施工及管理带来很多便利，但也有部分方面需要改进，如场景应用在刀盘后面、机器内部还存在一些盲区；超前地质预报、土体变形监测能力还比较欠缺，随着科技的进步，未来盾构隧道施工的信息化技术将不断升级，这些问题也将会得到解决。

图8 管片自动化生产

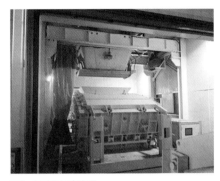

图9 振动室隔声降噪

图10 违章识别管理

（二）信息共享与信息安全

随着科学技术的进步与发展，盾构隧道施工信息化和智能化迅猛进步，由于涉及保密与技术保护，与其他平台融合程度低。建议在安全框架协议下加强与省管铁路数智化平台、监理通平台的融合，开放部分监控权限，在保证信息安全的前提下放开安全质量监控内容，便于参建各方的监督管理。

钢筋混凝土建筑结构加固改造技术在工程中的运用

马婷婷

上海同济工程项目管理咨询有限公司

摘　要： 钢筋混凝土建筑因使用年限较长或者受到自然破坏，容易出现耐久性、承压力下降的情况，为了保证建筑结构安全必须采取加固措施。增大截面法、粘贴钢板法、碳纤维增强复合法等都是常用的钢混建筑结构补强加固技术，但是每一种技术的适用条件和应用效果不尽相同。本文以某工业厂房的加固改造工程为例，首先概述了加固设计的基本思路和加固改造技术的选用依据，随后重点从地下室框架柱、一层框架柱、框架梁、加层结构四部分，着重分析了不同加固改造技术的应用要点，为现代钢混建筑结构的加固改造处理提供了一定的经验借鉴。

关键词： 钢混建筑；结构加固技术；碳纤维布；外包型钢加固

在快速城镇化背景下，既有老旧建筑的维修、改造逐渐成为建筑行业的常规作业项目，并由此出现了多种加固改造技术。施工人员应获取既有建筑的相关资料，了解其设计参数，在此基础上展开受力分析和加固设计，保证按照该方案进行改造后可以使建筑的稳定性与承载力得到显著提升，满足其安全要求。在设计加固改造方案的技术上，还要加强现场改造技术管控，确保改造作业顺利完成，使既有建筑能够安全使用。

一、工程概况

工程建设内容：长沙市岳麓区圣湘生物高性能医疗器械智能制造产业园试

剂大楼（改建）、门卫及消防水池泵房；原厂房为三层钢筋混凝土结构，其中地下1层，为仓库；地上3层，一层为生产车间，二层为办公室，抗震设防烈度8度。该建筑于2013年建成并投入使用，因大量生产设备和工业原料搬入厂房，导致现有结构不能满足使用强度要求，需要对建筑应力较为集中的梁、柱、板等部位进行加固改造并增加一层。改造要求如下：将建筑中间部分的开敞区域进行加层，中庭的框架柱从原来的0.7m加高到4.4m；建筑顶部从原来的4.4m增加到8.9m，加高之后将顶部封闭。新加的屋顶采用轻钢结构的玻璃幕采光屋面。根据建筑结构加固改造设计方案，该厂房建筑完成加固改造后，建筑物使用寿命需达到50年，安全等级为Ⅱ级。

二、建筑结构加固改造技术的运用

（一）加固设计的基本思路

该工程的加固设计中，采用整体框架结构计算方式，使用我国自主开发的有限元分析软件SATWE进行仿真计算，具体的加固设计思路为：

1.通过前期调研和收集建筑相关资料，获取既有建筑的工程参数，并利用这些参数在SATWE软件中建立建筑框架结构图。

2.利用建立起来的建筑结构计算模型，结合加固设计要求进行各层结构的受力分析与计算，参考计算结果判断哪些构件需要采取加固措施。具体又可分为两种情况：第一种是对于计算结果显示配筋面积超限的，或者是原构件的截面比计算结果小的，均可以通过增加混凝土构建配筋与截面的方式起到加固效果。第二种是对于既有构件的截面尺寸可以达到加固后计算标准的，还应将计算数值与该构件的实际配筋面积进行对比。根据对比结果，若建筑加层后的配筋面积超过了实际配筋的梁、柱面积，则说明该加固改造设计方案可行；反之，则需要重新设计、计算，直到满足设计要求。

3. 经过分析确定了需要被加固的建筑构件后，还应结合既有构件的截面设计参数，以及加层后计算所得的内力图等，综合考虑并选择合适的加固改造方法。需要注意的是，对于选择了"增大截面法"进行加固的所有构件，必须根据截面增加以后的建筑模型，重新计算内力和配筋，保证改造加固后的实际效果能够满足《混凝土结构加固设计规范》GB 50367—2013 等相关文件的要求。如果不能满足，则需要重新调整设计方案。

（二）设计加固方案，明确加固措施

1. 钢筋混凝土结构常用的加固改造方法

现代工程建设中常用的钢混结构加固技术有多种，虽然都能达到提升构件强度、保证建筑结构稳定等效果，但是其加固原理、施工成本、技术难度等存在较大差异。因此，在既有建筑的加固改造中，一方面是要结合工程的设计情况，通过获取其设计参数、了解加固需求等，科学选择适用的加固改造技术；另一方面，还必须综合考虑施工周期、难易程度、施工成本等影响因素，从而选出最佳的建筑结构改造加固技术。目前来看，比较常见的加固改造技术有以下三种。

第一种是增大截面法，即增加构件的配筋，并且重新浇筑混凝土，在既有构件的基础上使其横截面积增加，从而提高其承载能力。其优点在于施工技术在建筑的梁、柱等构件上可以通用。但是其缺点也比较明显，例如新旧钢筋混凝土结合部位容易出现开裂的情况。

第二种是外粘型钢加固法，即在既有构件的外侧粘贴型钢，或者是用箍筋将型钢与构件连接成为整体，利用外包钢材帮助既有构件分担一部分压力，从而达到加固补强的目的。该方法的优点是操作灵活，可广泛应用于多种构件、不同部位的补强、加固。同时作业量较少，施工周期较短，加固效果显著，是一种比较理想的构件加固改造技术。

第三种是粘贴碳纤维增强复合材料法，碳纤维是一种抗拉强度极高且材质较轻的材料，其厚度只有1~3mm，将其粘贴在建筑构件的外侧，可以取得粘贴型钢的加固效果。碳纤维片材几乎不占用空间，并且使用成本更低。

2. 工程加固改造方法的确定

对既有建筑结构的整体和局部构建分别进行受力分析后，表明建筑整体上可以承受加层荷载，但是在梁、柱的个别部位会有明显的应力集中现象，为避免这些部位出现结构性损坏，需要采取加固措施。结合上文分析可知，适合梁、柱构件的局部加固技术有增大截面法、外包型钢法、粘贴碳纤维布法等若干种，并且每一种加固改造技术的适用情况、加固效果也不尽相同。在现场勘察的基础上，综合考虑施工成本、操作难易程度等因素，最终决定对地下室框架的加固改造使用粘贴碳纤维布的方法；对一层框架柱采用外包型钢的加固方法；对顶部框架梁采用了"底部粘贴

碳纤维布＋顶部压力注胶粘钢"的复合加固方法。相比于常规的增大截面法，这些加固改造方法虽然在施工成本和技术难度上有一定的增加，但是施工周期较短，并且综合加固效果更为理想。

3. 加层结构的选择

该工程中需要加层的部分，如果选择常规的钢筋混凝土梁、板，虽然能够满足基本的功能需求，但是由于自重大，一方面容易因为应力集中而出现向下弯沉的情况，另一方面则会增加对下部框架柱的压力，对加固改造提出了更高的要求。因此，在本次改造设计中使用了玻璃幕轻钢作为加层结构。除了具备建筑基本功能外，还可以增加透光率，让建筑中庭尽可能多地照射自然光，兼顾了实用性和节能性。

（三）框架柱的加固设计

1. 地下室框架柱的加固设计

结合建筑结构的加固改造要求和地下室框架柱承重力分析，决定采用在框架柱外围粘贴纤维复合材料的方式进行加固处理。其中，框架柱的基本参数如下：

1）截面尺寸 $b \times h = 600mm \times 600mm$；

2）混凝土强度等级C40，其中抗压强度 $f_c = 15.2N/mm^2$，抗折强度 $f_t = 1.32N/mm^2$；

3）所用钢筋类型为HRB400，钢筋抗拉强度 $f_y = 320N/mm^2$；

4）结构重要性系数 $\gamma = 1.0$。

另外，参照《混凝土结构加固设计规范》GB 50367—2013 中的有关规定，所有大偏心受压混凝土矩形截面柱的加固，为保证达到理想加固效果，均需要准确计算正截面承载力（$N \cdot e$），计算公式为：

$$N \cdot e \leq a_1 f_{c0} bx \left(h_0 - \frac{x}{2} \right) + f'_{y0} A'_{s0} (h_0 - a) + f_f A_f (h - h_0) \quad (1)$$

在式（1）中，f_{c0} 和 f'_{y0} 分别表示既有构件混凝土与纵向钢筋的抗压强度设计值；b 表示框架柱的截面宽度；A'_{s0} 表示新加纵向钢筋的截面面积；f_f 表示纤维复合增强材料抗拉强度设计值；h 表示受压侧混凝土的截面厚度；h_0 表示构件加固后截面受压边缘与受拉钢筋合力点之间的最短距离；A_f 表示受拉面碳纤维材料的截面面积。其中，N 表示加固后构件的轴向力设计值，它的计算公式为：

$$N \leq a f_{c0} bx + f'_{y0} A'_{y0} - f_{y0} A_{s0} + f_f A_f \quad (2)$$

式（3）中，e 表示偏心距，即纵向受拉钢筋 A_s 的合力点到轴向压力作用点的距离，它的计算公式为：

$$e = (e_0 - e_a) + \frac{h}{2} - a \quad (3)$$

a 表示新加纵向钢筋与混凝土的强度利用系数，这里取值为 0.8；e_a 表示附加偏心距，与偏心方向的截面最大尺寸 h 有关，在 $h > 600mm$ 时，取值为 $h/30$；在 $h \leq 600mm$ 时，取值为固定的 20mm。e_0 表示轴向压力对截面中心的偏心距。地下室框架柱的加固设计如图1所示。

根据计算结果，本次工程中地下室框架柱的加固改造中，使用双层宽度为 200mm 的一级碳纤维布。为达到预期的加固效果，其弹性模量 $\geq 3.3 \times 10^5 MPa$，抗拉强度 $\geq 2980MPa$，伸长率 $\geq 1.8\%$，质量密度为 $266g/m^2$。

2. 一层框架柱加固设计

该建筑地上 1 层的框架柱经过综合分析后，决定使用外粘型钢加固法进行改造。框架柱的截面尺寸、混凝土强度等级、结构重要性系数等基本参数与地下室框架柱相同。参照《混凝土结构加固设计规范》GB 50367—2013 中的有关规定，所有钢筋混凝土偏心受压构件使用外粘型钢进行加固时，为保证达到理想加固效果，均需要准确计算正截面承载力（$N \cdot e$），计算公式为：

$$N \cdot e \leq a f_{c0} bx \left(h_0 - \frac{x}{2} \right) + f'_{y0} A'_{s0} (h_0 - a'_{s0}) - \sigma_{s0} A_{s0} (a_{s0} + a_a) \quad (4)$$

在式（4）中，a、b、f_{c0} 等指标同上，不再赘述。σ_{s0} 表示既有构件受压较小的纵向钢筋的应力；a_a 表示外包型钢的强度利用系数，在不考虑地震作用的情况下取值为 0.9。其中，σ_{s0} 与新加钢筋的弹性模量（E_{s0}）、既有混凝土构件的应变值（ε_{cu}）有关，其计算公式为：

$$\sigma_{s0} = \left(\frac{0.8 h_0}{x} - 1 \right) E_{s0} \varepsilon_{cu} \quad (5)$$

加固后构件的轴向力设计值 N 的计算式为：

$$N \leq a_1 f_{c0} bx + f'_{y0} A'_{s0} + a_a f_a - \sigma_a A_a \quad (6)$$

上式中，σ_a 表示受压较小型钢的应力。一层框架柱的加固设计如图 2 所示。

根据计算结果，本次工程中采用外粘型钢加固法进行一层框架柱加固改造，需要使用宽度 $4 \llcorner 90 \times 6$ 的角钢，改造后纵向钢筋的截面面积为 $4041.3mm^2$，超过标准中规定的 $3800mm^2$，满足标准要求。另外，使用 $100mm \times 5mm$ 的缀板，与角钢之间保持 300mm 间距，采用三面围焊的方式进行连接，并且每一块缀板的中间部位使用 1 根 M12 锚栓进行加固，进一步提高了外粘型钢的牢固度，框架柱的加固效果良好。

3. 框架梁的加固设计

该钢混建筑由于横向跨度较大，因此在加固改造设计时还应重点关注框架梁的加固处理。通过框架梁受力分析，采取了两种加固设计方案：其一是在既有框架梁的底部粘贴碳纤维布，其二是在梁顶采用压力注胶的方式粘贴钢片。上下结合有效防止框架梁中部因为应力集中而出现弯沉的情况。本次工程中框

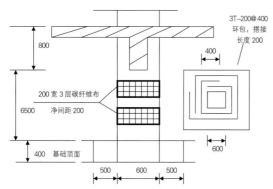

图1 地下室框架柱加固立面图

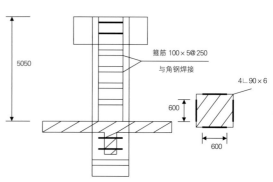

图2 一层框架柱加固立面图

架梁的基本参数如下：

1）截面类型为矩形；

2）截面尺寸 $b \times h$=240mm×600mm；

3）混凝土强度等级C40，其中抗压强度 f_c=15.2N/mm²，抗折强度 f_t=1.32N/mm²；

4）所用钢筋类型为HRB400，钢筋抗拉强度 f_y=320N/mm²；

5）最小配筋率 ρ_{min}=max（0.2，45×f_t/f_y）=max（0.2，0.18）=0.2%；

6）纵筋合力点与近边距离 a_s=45mm。

在框架梁的加固设计中，需要重点计算最小配筋率、截面有效高度等几项关键参数，各参数的计算方法如下：

参数一：最小配筋率。结合工程资料可知该建筑中框架梁的最小配筋率为0.2%。因此在加固设计中，要求加固后的配筋率 ρ 必须大于该值。ρ 的计算公式为：

$$\rho=A_s/（b \times h）\times 100\% \quad （7）$$

在本次加固方案中，A_s 为1100mm²，b 为250mm，h 为600mm，将上述数

值带入式（7）后可以求得 ρ=0.733% > 0.2%，故满足最小配筋率要求。

参数二：截面有效高度。该值可通过框架梁高度（h）与纵筋合力点至近边距离（a_s）的差值求得，即 $h-a_s$=600-45=555mm。

参数三：相对受压区高度 ξ 该值计算公式为：

$$\xi=f_y \times \frac{A_s}{a_1 \times f_c \times b \times h_0} \quad （8）$$

上式中，f_y、A_s 的值均为已知，带入之后求得 ξ=0.518，高于标准值（0.2），故符合加固改造的技术要求。

参数四：碳纤维层数。本次工程中选用的碳纤维片材为高强度I级碳布，平均厚度为0.188mm，平均弹性模量为2.3×10⁵MPa，平均强度为2400N/mm²。根据公式计算出本工程中框架梁加固所需的碳纤维层数（N）：

$$N=\frac{M}{b \times h \times f_f} \quad （9）$$

上式中，M 表示弯矩设计值，本次工程中取值为198×10⁶kN/m⁻¹，将各项

数据代入后求得 N=3.4，即实际的框架梁加固改造中需要使用4层碳纤维布。另外，由于框架梁加固中需要将碳纤维布粘贴在梁的底部，因此为了提高加固效果，防止碳纤维布因为应力集中而脱落、开裂，还配合使用了U形箍筋和压条对碳纤维布做进一步的加固处理，U形箍筋的布置方式如图3所示。

框架梁上部采用压力注胶的方式粘贴8mm厚的钢板，具体布置形式如图4所示。

4. 加层结构设计

本次工程中对新增框架柱钢筋连接采用柱纵筋植筋的方式固定，植筋深度为24d（d 为钢筋直径）。在现场加固改造施工结束后，还需要安排技术人员对植筋拉拔力进行检测，判断拉拔力是否达到设计要求。现场检测采用的是非破坏试验，即选择ML-300锚杆拉力计，分别对2-01、2-02、2-03植筋进行了检测，具体结果如表1所示。

结合表1数据可知，本次试验中检测的3根植筋，在分别提供了45.0kN、

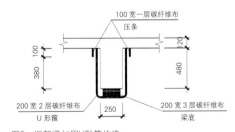

图3 框架梁加固U形箍构造

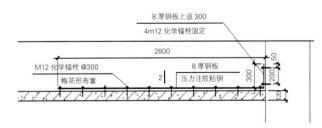

图4 框架梁顶部加固压力注胶粘钢示意图

42.7kN、43.3kN 的拉拔力后，观察植入钢筋的混凝土，未发现有开裂的情况，并且螺栓无滑移，拉拔的120s内没有明显的荷载降低情况，说明本次植筋加固取得了理想的效果。加层结构除了采用植入钢筋的方式提高混凝土强度外，对

混凝土结构植入钢筋拉拔力检测结果 表1

构件名称	钢筋植入深度/mm	施加拉拔力/kN	受力后状况描述
2-01/3L	550	45.0	混凝土无裂缝，螺栓无滑移，120s内荷载无降低
2-02/3T	550	42.7	混凝土无裂缝，螺栓无滑移，120s内荷载无降低
3-03/3L	550	43.3	混凝土无裂缝，螺栓无滑移，120s内荷载无降低

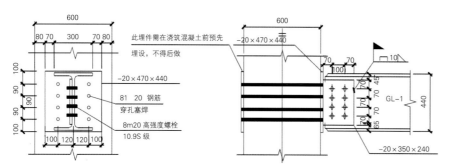

图5　钢梁与框架柱连接节点

加层屋面使用轻钢框架与钢梁和混凝土框架梁连接，结构如图5所示。

结语

钢筋混凝土建筑在建成一段时间后，由于材料老化、地质灾害等原因，其结构整体稳定性会出现不同程度的下降，需要采取加固改造技术，确保建筑结构稳定、质量可靠、使用安全。在进行工程加固改造时，选择恰当的加固方法、加强技术控制是决定工程质量的关键因素。本文基于既有建筑结构的现场调查和受力分析，围绕加固改造要求和不同部位的结构特点，提出了多种加固改造技术。例如对地下室框架柱采用了外围粘贴纤维复合材料的方式进行加固处理，对建筑底层框架柱使用外粘型钢加固法进行改造，对框架梁使用了"底部粘贴碳纤维布 + 顶部压力注胶粘钢"的复合改造技术等。只有科学选择合适的加固方式、改造技术，才能以较低的成本取得理想的加固效果。除此之外，在既有建筑结构的加固改造中，还应严格遵循《混凝土结构加固设计规范》GB 50367—2013 等相关规定，以及重视现场加固改造技术管控等措施，才能切实保证加固改造后的建筑在承载力、稳定性、安全性等方面都得到全面提升。

参考文献

[1] 刘玲，张佰真铭 . 钢丝绳与碳纤维布加固钢筋混凝土梁的抗剪性能 [J]. 世界地震工程，2015（3）：161–162.

[2] 常涌 . 既有房屋钢筋混凝土建筑结构加固设计研究 [J]. 建筑技术开发，2018（7）：3–5.

[3] 胡忠铭 . 基于房建工程施工中的钢筋混凝土结构加固工程技术分析 [J]. 建筑工程技术与设计，2016（35）：337–338.

[4] 刘运鹏 . 对旧建筑中钢筋混凝土梁承载力不足的加固 [J]. 中文科技期刊数据库（全文版）工程技术，2016（12）：142–143.

[5] 林君 . 既有钢筋混凝土框架结构抗震性能化加固设计 [J]. 福建建设科技，2018（1）：4.

深基坑上跨轨道交通施工监理控制措施应用研究

张 竞
上海同济工程项目管理咨询有限公司

摘 要： 随着城市交通的发展，有些工程项目需穿越正在运行的地铁线路进行施工，施工难度大，安全风险高。本文以苏州市春申湖路快速路改造工程为例，分别从测量定位、工程桩及地基加固桩施工、基坑开挖、基坑支撑、结构及防水施工等关键技术上加以论述深基坑上跨运营轨道交通施工的监理控制措施，以供参考。

关键词： 深基坑；影响分析；监理控制要点

引言

深基坑工程上跨运营轨道交通施工，施工难度大、内容复杂、安全要求高。作为监理单位，必须严格按照监理规划、监理细则及旁站方案要求，对施工单位的一系列施工行为进行监督管理，及时纠正过程中存在的问题，杜绝质量安全事故的发生。

一、工程背景

苏州市春申湖路快速路改造工程二标位于苏州市相城区境内，起讫桩号为K1+040～K4+560，标段总长3.52km，其中明挖隧道总长3.45km。该工程中元和塘西段明挖隧道需上跨轨道交通4号线。现状轨道交通4号线为盾构施工。

该明挖隧道基坑设计长度36.5m，宽度42.2m，开挖深度6.2m，基坑围护

结构采用MJS、SMW工法桩进行支护。区间隧道上方及其两侧1.5m范围内，采用MJS工法加固，竖向自原状地面至区间隧道顶1.5m，平面上加固至基坑外侧5m。对于区间隧道外侧1.5~4.5m范围内，采用三轴水泥土搅拌桩加固，竖向自地面加固至区间隧道底；平面上加固至基坑外侧5m（图1），通过上述措施在轨道交通4号线隧道顶局部区域内形成一个完整独立的封闭基坑。

二、施工影响分析

（一）工程桩及地基加固桩施工可能对盾构区间产生的影响

1. 钻进过程中，钻机不垂直或超钻，破坏盾构区间结构。

2. 成孔过程中泥浆通过不明路径渗透到4号线隧道内。

3. 桩位放样不准确可能破坏盾构区间结构。

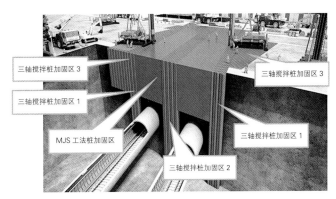

图1 加固示意图

4. 加固位置及高程不准确可能破坏盾构区间结构。

5. 降水时间过长引起周围地层压缩，导致盾构区间沉降。

（二）基坑开挖可能对盾构区间产生的影响

1. 地基加固效果不好，开挖时基底隆起导致盾构区间结构受损。

2. 开挖面积过大，导致盾构区间上浮。

3. 基坑开挖暴露时间过长，导致变形较大。

（三）基坑开挖对周边环境的影响

基坑开挖过程将对周边环境造成影响，如支护墙体的垂直沉降、水平位移、基坑周围地表沉降、裂缝、地面超载状况、土体加固、基坑边侧荷载、施工作业时间、大型机械设备行走引起扰动、支撑结构体系的轴应力施加、地下水位控制等。

（四）深基坑支护对基坑结构安全的影响

深基坑支护是基坑施工的重要内容，支护结构安全直接影响到工程能否顺利完成，一旦发生重大安全隐患，很可能造成无法挽回的损失。

三、监理控制要点及措施

（一）测量定位

1. 隧道基坑横跨轨道盾构区间，主体结构及围护结构距轨道结构较近，若测量定位出现偏差，则极有可能为施工带来巨大安全隐患。上跨节点实施前，应对节点范围内的轨道区间隧道进行实测复核，明确区间隧道实际平面位置与埋深，若偏差超出设计图纸，要及时与设计、监理、业主对接调整方案。

2. 隧道基坑围护结构（MJS、SMW工法桩）距离轨道盾构最小距离为1.5m，施工前要求施工单位对水准点、桩位及标高进行测量复核及交底。施工过程中安排专人进行旁站，随时测量孔底标高，随时观测钻杆进尺长度，严禁超钻发生现象。

3. 作为监理，必须严格按照方案要求监督管理，并对施工方的测量成果进行多次有效复核，确保测量数据的准确性。

（二）工程桩及地基加固桩施工

1. 在工程桩及加固桩的钻进施工过程中应做到全过程监控及复核，时刻把握钻机钻杆的整体垂直度；发现异常立即停止作业，查明原因，处理妥当后继续作业。

2. 施工过程中应严格控制钻孔的位置，同时应真实记录钻孔的实际施工点位和相应孔深，如实描述所遇到的地下障碍物或洞穴等，并观察是否出现涌（漏）水等现象，针对出现的与岩土工程勘察报告中的不符之处应重点记录。

3. 喷浆作业过程中应保证地内压力值处于施工允许范围内，出现异常时应立即采取相应的有效措施。

4. 距区间隧道两侧1.5m范围以外的第一排工程桩，利用地铁停运时间施工，并配备至少一名专职安全人员进驻站内进行全过程监控，发现问题，及时上报处理。

5. 距轨道交通4号线区间隧道两侧各1.5m范围内加固区，利用地铁停运时间施工。施工时，派驻巡视人员检查巡视，同时在区间两端站点各派驻一名驻站联络人员负责对上、下行来往车辆进行监视，发现有车辆运营，及时上报处理。

6. 严格控制降水时间及水位，加强对周边水位的监测；同时可在允许范围内降低抽水强度，减少单井涌水量，降低抽水井对半径的影响。现场设专职试验人员每天对抽水含砂量进行测试，并做好记录，发现异常及时反馈信息，当含砂量超过正常值存在危险讯息时立即采用处理措施，查明原因。

7. 工程桩施工前复核桩位坐标，确保坐标计算无误，采用2组不同人员单独放样，位置不一致时不得开钻，严禁超钻。

（三）基坑开挖

1. 督促并协助施工单位依据设计方案及施工图纸等制定详细的专项施工方案，经审查同意后提请专家进行技术论证，论证通过后，由方案编制人员或技术负责人进行技术及安全交底后方可组织施工。

2. 基坑开挖前监理工程师应对已审批监理细则向施工单位进行技术交底并进行危大工程条件验收，具备开挖条件后方可实施。在开挖过程中，要求施工单位按照"时空效应"规程进行施工。监理人员必须旁站并检查各项有关开挖、监测、支撑等施工控制要点并做好旁站记录，对不符合施工方案的应立即停工整改。

3. 为了确保上跨节点段施工安全，不扰动正在运行的轨道交通4号线，根据设计要求，节点基坑施工前，进行非原位基坑施工模拟试验，确定施工参数、完善施工工艺、明确施工影响范围，同时让施工作业人员熟悉施工流程，通过模拟施工方案中各分项工程的预演，确保在预定时间内完成节点的施工计划，最大限度地缩短基坑暴露时间。

4. 由于本项目中涉及的基坑面积、

深度都较大，为了进一步降低施工安全风险，基坑采用明挖分块"跳仓法"施工，该工法主要保证基坑平衡及周边土体的受力状态，在此基础上进行土方开挖及施工以保证基坑安全。按区域化大为小的原则，将上跨施工节点基坑分割成7个小基坑进行开挖。轨道交通盾构区间正上方基坑开挖至坑底以上3m后，剩余部分土体在地铁停运后实施。基坑开挖至基底后立即进行防水施工。同时做好底板施工准备，尽量减少基坑暴露时间。

5. 基坑施工要严格要求施工单位按设计要求进行地基加固施工，加固过程中安排人员全程旁站，保证水泥用量、注浆压力等相关技术参数；基坑土方按设计图纸分块面积进行开挖，同时严格执行开挖方案，及时架设支撑和施加预应力。整个开挖过程中，监理工程师要随机检查基坑的开挖过程是否符合先撑后挖、对称开挖、分层开挖、严禁超挖的原则。开挖过程中加强对既有车站进行监控量测，密切注意既有车站沉降、位移变形及结构是否存有裂纹或其变化情况。

6. 开挖过程中若基坑围护结构发生较大变形（位移）、周围地表沉降，应立刻停止开挖作业，及时设置临时支撑体系并加强监测强度和频率。为保证后续施工安全，需对原有支撑复加预应力，必要时采取回填措施，减少周边沉降。

7. 基坑开挖过程中发现地下水渗漏，应针对不同的渗漏条件而采取不同的处理方法：

1）采用双快水泥抽槽，压注聚氨酯和钢板进行封堵。同时在渗漏位置布设泄水管，在确保封堵材料满足强度要求并达到相应的隔水效果后再关闭对应

的泄水管阀门。

2）基坑外侧渗漏采用压力注浆的方式，基坑内侧渗漏采取回填反压措施，对渗漏位置进行封堵隔水来减少基坑整体渗漏量。

3）无法明确渗漏位置时，应在涌水处进行局部回填，待渗漏停止后于基坑外侧采用注浆等其他有效方式进行处理。

4）渗漏位置的土体流失甚至出现空洞，此时观察渗漏出的地下水是否较为浑浊，并及时撤离周边重型机械，对可能出现土体流失或空洞的位置采用振管注浆的方式进行处理。

（四）基坑支撑

1. 钢支撑原材料、支撑架设、换撑与拆除的全过程中，监理工程师必须严格监督，确保施工安全。

2. 混凝土支撑梁施工前，监理工程师根据设计图纸计算圈梁、支撑边线坐标及圈梁底标高，并复核。复核无误后进行第一道混凝土支撑梁及顶圈梁施工。对于底板和腋角，当侧墙混凝土达到设计强度后进行换撑，在混凝土支撑拆除前必须完成剩余侧墙和顶板施工。

3. 在支撑拆除前要求施工单位编制切实可行的拆换方案，并应精确到每道支撑的拆换顺序，确保换撑工作的顺利进行。此外，监理人员加强对换撑作业的旁站，做到及时发现异常（突发）状况及时反馈。

4. 钢支撑出现上拱或下沉的现象可能是其失稳前的表现，而钢筋混凝土支撑失稳前则会出现开裂、掉块、拱起等现象，同时，针对支撑轴力的监测数据也会出现端倪，出现上述现象时，应立刻停止开挖并采取加设支撑等有效措施，避免支护结构失稳（失效）造成危害。

5. 水平钢支撑出现异常时，现场立即停止开挖，组织人员积极开展复查工作，若发现存在已经松弛的支撑，应对其立刻采取如复加预应力等有效措施，同时对水平钢支撑进行焊接加固，并将有关数据反馈给相关参建单位，共同分析原因，制定对策。

6. 对于上跨地铁节点基坑而言，基坑围护结构可能会因为基坑边坡发生滑坡而被破坏甚至失效，针对此类事故，在保证人员安全的前提下应首先考虑补强支撑方案，若现场无法提供相应的施工条件，应及时确保周围人员安全撤离并即刻对基坑塌方位置采取相应的回填措施，避免对周边既有建（构）筑物和人员造成进一步损失。

（五）防水施工

1. 抗拔桩桩头采用聚氨酯遇水膨胀止水胶，结构施工缝采用水泥基渗透结晶型防水材料。对施工缝部位进行凿毛并清理干净。止水胶粘贴施工时保持干燥不潮湿，否则提前膨胀会降低止水效果。

2. 施工缝止水带中心线必须与变形缝中心线重叠且水平，止水带安装严禁打孔，且与墙体钢筋固定牢固。预防浇筑混凝土振捣时固定点脱落导致止水带倒卧、歪曲，以致止水效果降低。

3. 竖向施工缝应设在结构受剪力较小且便于施工的部位，施工缝浇灌混凝土前将表面杂物清除干净，再涂刷混凝土界面剂，并及时浇筑混凝土。

4. 侧墙伸缩缝处的基坑支护墙面外贴式止水带，在固定端头模板之前，首先对支护墙面进行适当修整，再粉刷聚合物防水砂浆，使止水基面平整。顶板无法安装背贴式止水带时，可采用结构外侧变形缝内嵌缝密封的方法与侧墙背

贴式止水带进行连接变成封闭防水，同时在结构内表面缝两侧预留凹坑，并安装不锈钢接水盒，两侧采用聚硫密封胶嵌缝密封。

5. 底板和侧墙变形缝两侧结构厚度不等厚时，不可设置背贴式止水带，要将变形缝两侧结构做等厚度处理。这样既保证了防水层的铺设质量，也可以安装背贴式止水带，从而保证变形缝部位的防水效果。

6. 诱导施工缝中埋式钢边橡胶止水带现场对接时，应采用热硫化对接，且对接接头应设置在应力最小的部位，不得设置在结构转角处。

（六）钢筋、模板支架及混凝土工程

1. 为缩短施工工序作业时间，确保在地铁运营前浇筑完成底板混凝土，监理工程师要求施工单位对底板钢筋笼及侧墙钢筋按照分仓尺寸在钢筋加工车间进行制作安装，待分块底板钢筋网片绑扎完成后，再安放施工缝止水钢板。钢筋加工安装时要严格控制钢筋搭接长度，确保后续分块底板钢筋搭接。

2. 支架搭设，监理工程师督促施工单位严格按照审批的专项方案组织实施。支架搭设完成后，并组织相关人员进行验收，同时要求施工单位严格按照监理工程师审批的支架预压方案，对支架逐级进行加载预压。并按测量监测方案进行测量监测，同时做好监测记录，以验证支架整体安全稳定性，及时消除支架

非弹性变形，保证支顶结构的强度及刚度，以加载卸载后的支架弹性变形测量数据，作为底模预拱值调整的参考依据。

3. 支架拆除前，应提前提交拆除申请，经施工单位技术负责人、安全技术部门及监理工程师批准同意后方可拆除。作业前需对施工作业人员进行安全技术交底。设置安全警示区域并悬挂标志标牌，派专职人员指挥。

4. 为减小结构的收缩及温变，尽可能消除地基不均匀沉降产生的结构变形应力。加强对主体结构防水混凝土配合比及原材料、外加剂和掺合料的监控。

5. 混凝土浇筑时，严格控制坍落度、入模温度及混凝土和易性。混凝土浇筑分层厚度宜控制在 30~50cm。浇筑应连续进行不间断，混凝土振捣时避免出现漏振或过振现象。并安排人员跟踪检查模板、支架等情况，如发现有变形、移位时，立即停止浇筑，查找原因并进行处理。

6. 混凝土浇筑前校正止水带位置，浇筑过程中止水带部位的混凝土要振捣密实，确保止水带发挥止水作用。

（七）基坑反压

按照设计要求，底板浇筑完成后，根据基坑变形监测情况，如区间隧道隆起大于预警值，需在底板上进行堆载，压载不超过 25kPa。基坑反压采取二级加载，一级加载利用混凝土支撑块作为反压材料，放置于混凝土面层，周边用

袋装水泥土进行反压。二级加载利用袋装水泥土作为反压材料，放置于混凝土支撑块顶面。反压材料堆载、卸压具体时间根据变形监测数据和混凝土强度进行调整。

结语

综上所述，深基坑具有施工难度大、安全要求高的施工特点。本文以苏州市春申湖路快速路改造工程为例，论述了深基坑上跨运营轨道交通施工全周期内监理控制措施，作为监理单位，必须严格按照监理规划、监理细则及旁站方案要求，对施工单位的一系列施工行为进行监督管理，及时纠正过程中存在的问题，杜绝质量安全事故的发生。

参考文献

[1] 王智. 基坑支护钢筋砼内支撑拆换监理控制要点 [J]. 中文科技期刊数据库（引文版）工程技术, 2016 (59): 27.

[2] 陆海峰. 紧邻轨道交通复杂地下环境深基坑施工监理控制要点 [J]. 建设监理, 2022 (5): 38-41.

[3] 王昭征. 地铁沿线深基坑工程安全监理工作探讨 [J]. 建设监理, 2019 (7): 24-27.

[4] 杨磊. 简述城际铁路深基坑施工安全的监理管理措施 [J]. 居业, 2019 (2): 165, 167.

[5] 黄震, 李士龙. 港珠澳大桥澳门口岸隧道工程监理工作浅析 [J]. 建设监理, 2018 (7): 28-33.

[6] 杨荣斌, 季玉国. 大型过江盾构隧道施工监理措施 [J]. 建设监理, 2015 (11): 70-72, 79.

滑雪场墙面聚氨酯保温监理监控要点

李 蒙

上海同济工程咨询有限公司

摘 要： 随着近年来国内大型冷库、滑雪场等的建设，室内保温材料采用现喷硬泡聚氨酯保温施工，对室内保温起到关键作用。因此本文从聚氨酯墙面保温施工工程监理过程管理入手，以冰雪滑雪场项目墙面聚氨酯保温施工为例，分析墙面聚氨酯保温施工过程中工程监理监控要点，旨在规范滑雪场聚氨酯保温施工监理行为，为施工安全和工程质量提供借鉴。

关键词： 滑雪场；聚氨酯保温；工程监理；监理监控

一、工程背景

某工程定位为高端的室内滑雪场、室外嬉水乐园及酒店设施配套于一体的大型商业体。建成后将成为全球最大的室内滑雪场之一，也将成为上海市的标志性建筑。为响应国家体育强国号召，建设成为临港新城地标建筑。

某项目总建筑面积为 299496.8m²，其中地下室总共一层，深度 6.9m，局部深度 8.2m；地上 6 层室内滑雪场高度 80m，建筑面积 96020.4m²；4 层商业及嬉水中心高度 36.5m，建筑面积 38717.5m²；15 层精品酒店高度 79m，建筑面积 36599.6m²；18 层度假酒店高度 73.95m，建筑面积 33022.3m²；单层教堂高度 66.85m，建筑面积 220m²。

二、滑雪场聚氨酯保温墙面施工工艺

（一）施工条件

1. 施工前应先验收主体工程的内外墙面（砖墙面、混凝土墙面、梁柱面）是否有凸出障碍物、胀模混凝土，如有应剔凿与大墙面一样平整。

2. 须清除基层表面的灰尘、污垢和油渍等，填平孔洞和沟槽。

（二）施工流程

1. 将 50mm 厚高强度聚氨酯垫块用化学螺栓固定在混凝土结构上。

2. 将 0.6mm 厚聚氨酯隔气层喷涂在清理好的墙面上，喷涂时注意阴阳角等部位加强处理，以免漏喷。

3. 安装竖向龙骨，提前挂线，保证横竖向龙骨水平和垂直度，以提高后期安装岩棉夹芯板的平整度。

4. 聚氨酯发泡喷涂施工，单层喷涂

的泡沫厚度第一遍（俗称打底层，主要提高泡沫与基层的黏结力）一般在 1cm 左右，其余几遍均为 2~3cm。喷枪与实物的间距为 800mm 左右，数遍喷涂后达到 130mm 厚。并且采用"间隔"式喷涂，使聚氨酯充分释放应力，硬泡聚氨酯泡沫性质更加稳定。

5. 安装外饰面岩棉夹芯板，横向安装，在安装同时浇灌剩余 20mm 聚氨酯保温，浇灌时注意浇灌速度不能太快，避免外饰面岩棉板胀模。

岩棉夹芯板聚氨酯保温墙面节点图见图 1。

三、提高聚氨酯保温质量的控制措施

（一）保温施工前监理检查要点

1. 建立沟通机制

保温施工是滑雪场最核心的一个环

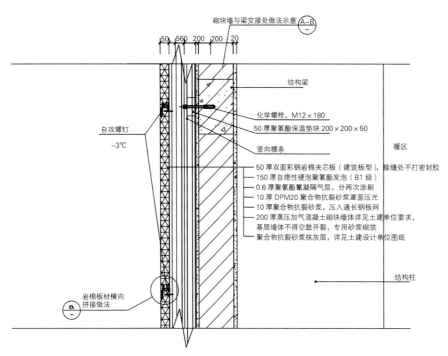

图1 墙面保温做法（1：10）

节，直接关系到后期运营是否能顺利展开。在施工阶段，项目组建立有效的质量管理体系，定期召开专项会议，对过程中存在的质量隐患、安全隐患以及技术难点、重点进行分析，及时发现问题及时解决，避免或减少后期返工、整改等。

2. 审核单位资质和人员资格

保温专业分包单位资质及相关管理人员资格应满足要求，管理人员应到岗。参与滑雪场喷涂施工作业及材料吊装的特种工人（如塔吊司机、司索工、起重司机、吊篮操作工等）应持证上岗；吊装工人及保温施工专业工人应经专业技术、安全交底培训。

3. 审核专项施工方案、编制监理细则

滑雪场聚氨酯保温施工涉及的专项施工方案主要包括保温专项施工方案、吊篮专项施工方案等。根据住房和城乡建设部《危险性较大的分部分项工程安全管理规定》，对超出一定规模的危险性较大的分部分项工程专项施工方案（本项目的吊篮专项施工方案、滑雪场室内保温消防施工）需要组织专家论证。根据设计文件、相关规范文件及专项施工方案编制有针对性的监理实施细则。

4. 参与安全技术交底，提出监理要求

施工前，参与施工单位项目部对相关作业班组（如保温作业员、吊篮班组）的安全技术交底会议。交底的内容应包括保温特点、工艺、保温材料的特性、消防管理、质保和安保措施、应急预案等。同时明确监理控制要点和措施，明确各节点验收要求。

5. 聚氨酯保温施工前施工安全的检查要求

1）施工人员自身防护

在使用聚氨酯组合料时，必须佩戴橡胶手套、防目镜和防护服，并经常更换手套，工作环境必须通风良好，设备应定期检查，保持清洁。由于组合料中存在低浓度的助剂，如催化剂等，若与皮肤接触，须用肥皂和清水彻底冲洗，如仍有刺疼感存在，应立即就医治疗。与眼睛接触，应用水至少冲洗15分钟，然后立即就医治疗。

2）消防方面

滑雪场周边安全防火措施。本项目存在大量的动火作业，同时存在大量的交叉施工，有较大的安全隐患，为避免以上问题应做到以下几点：

（1）材料方面

选用合格材料，阻燃性能达到设计要求的材料。聚氨酯硬泡，主要原料为多苯基甲烷多异氰酸酯（因该原料为黑色，一般简称为黑料）与多元醇组合聚醚（因该原料为白色，一般简称为白料）。通过原料的分子设计或添加阻燃剂的方式，可以生成具有良好防火性能的聚氨基甲酸酯硬质泡沫，具备难燃自熄性能。根据国家标准《建筑材料及制品燃烧性能分级》GB 8624—2012，B1 燃烧性能的分级判定要求满足氧指数、60s内燃尖高度、燃烧增长速率指数、前600s总放热量等参数要求，并进行现场取样送检。

（2）制度方面

制定动火审批制度，明确动火部位、动火时间（晚间及下班前1h内不得进行动火作业）、动火责任人，动火现场配备足够的消防设施。同时应派现场监督人员，防止焊渣掉落保温层表面，动火结束后保证每一粒焊渣均熄灭。

（3）措施方面

根据施工进度计划合理划分施工区域，尽量避免交叉施工。

对于难以避免的交叉施工应采用

防火布设置防火遮挡。保温喷涂施工作业区域附近10m范围内不得进行动火作业。

墙面聚氨酯喷涂完成后及时覆盖岩棉夹芯板。

3）高空坠落

由于本项目最高处达到80m，因此要做好防高空坠落措施：

（1）所有人员（包括管理人员）进入施工现场均须由2人及以上人员进入，互相进行安全提醒。

（2）根据施工现场实际情况合理选择登高设备，主要以活动架、登高车脚手架、吊篮为主。

（3）登高作业人员均须经过专业登高培训，并考试合格后方可上岗，同时须有登高作业证。

（4）作业人员必须佩戴安全绳，安全绳固定在屋面网架上。

（5）作业施工时做好牢固可靠的临边防护。

4）防中毒

保温工程在施工中，无论是聚氨酯保温喷涂还是氰凝隔气层喷涂，均会产生有毒气体，会造成使用人员呼吸道过敏，为避免以上问题应做到以下几点：

（1）所有施工人员佩戴活性炭防毒口罩，连续施工不得超1h。

（2）在狭小空间进行氰凝隔气层施工时，采用滚涂法施工，减少有毒有害气体的产生。

（3）施工区域采取有效的通风措施，做好气体收集和净化。

（二）聚氨酯材料监控要点

检查进场黑料和白料外观标识、外观包装是否完好，核对送货单、型式检测报告是否符合设计及规范要求，并按设计及规范要求监督施工单位及时取样送检。

过程中检查进场黑料和白料存放是否符合产品堆放标准，聚氨酯白料、黑料应在干燥、通风、阴凉的场所密封贮存，白料贮存温度以15~20℃为宜，不得超过30℃，不得暴晒；黑料贮存温度以15~35℃为宜，最低贮存温度不得低于5℃，贮存期为6个月。聚氨酯白料、黑料在贮存过程中应有防晒措施。

（三）监理控制要点及措施

聚氨酯喷涂设备选用压力大、雾化好，有利于聚氨酯表面平整度的设备。

聚氨酯每层厚度必须控制在20mm，防止聚氨酯烧心、起层等质量缺陷，影响保温效果。过程中通过旁站、目视、测量等方法检查喷涂控制情况，发现施工人员喷涂方式及喷涂工艺存在偏差及时指出并落实整改，防止过程中不规范喷涂导致施工质量问题。

严格按专项施工方案、设计图纸及规范要求对现场聚氨酯保温进行监督检查，要求施工单位按程序性要求进行自检报验，对整改不到位区域及时签发监理通知单要求施工单位整改，并跟踪后续施工。

聚氨酯墙面保温质量控制：按方案要求监督检查墙面聚氨酯发泡喷涂施工，检查单层喷涂的泡沫厚度第一遍一般控制在1cm左右，其余几遍均为2~3cm。监督检查喷枪与实物的间距为800mm左右，数遍喷涂后达到130mm厚。监督检查外饰面岩棉夹芯板安装过程，确保在安装的同时浇灌剩余20mm聚氨酯保温，浇灌时检查浇灌速度，不能太快，严格控制外饰面岩棉板不会胀模、确保浇筑密实。

1. 聚氨酯喷涂过程施工质量监控

检查施工现场喷涂硬泡聚氨酯所用的黑白料质量及配合比，应符合设计要求和现行行业标准《喷涂聚氨酯硬泡体保温材料》JC/T 998—2006的有关规定。

聚氨酯在喷涂前应严格检查隔气层和墙面粘接情况，发现剥离部分应重新修整。检查墙面基层是否平整、干燥，表面是否存在灰尘、污垢和油渍等，孔洞和沟槽是否填平。

喷涂过程中检查作业人员是否按要求进行分层喷涂，每层厚度是否满足规范及方案要求达到2~3cm，上层硬泡层基本硬化后，才可以喷涂下一层，当日作业面应当日连续喷涂完毕。喷涂过程中应随时检查喷涂厚度，采用钢针插入法检查喷涂厚度，及时发现、及时整改，一个作业面喷涂完成后，不应随意在喷涂聚氨酯体上进行作业、开洞、穿刺等施工，做好成品保护及消防安全管理。

聚氨酯喷涂完成后检查喷涂厚度是否满足设计及方案要求，不应有负偏差，并采用钢针插入和尺量检查进行检验。对喷涂后厚度不足及不平整的部位应及时进行补喷修补。

聚氨酯喷涂后20分钟内不应进行下道工序施工，喷涂完毕后的保温层陈化时间不应小于48h，喷涂硬泡聚氨酯保温隔热层完成并达到陈化时间后，应及时进行保温隔热工程分项验收，验收合格后应及时落实下道工序封板施工。

2. 岩棉夹芯板与聚氨酯基层间隙灌浆施工

岩棉夹芯板与聚氨酯基层间隙灌浆施工，需确保形成无空腔复合保温结构体：墙面保温喷涂分多次成型喷涂130mm厚，由上自下施工，待岩棉夹芯板安装完成之后进行灌注，安装一块灌注一块，灌注选用材料发泡，进度不宜过快，防止造成鼓胀影响夹芯板表面平整度。

检查岩棉夹芯板出厂合格证、质量检验报告和进场检验报告是否符合设计和国家现行标准，检查岩棉夹芯板厚度是否符合设计要求，可采用尺量检查进行检验，厚度应满足设计要求 500mm。

岩棉夹芯板安装固定于龙骨上，横向安装，每安装一块板，同时浇灌剩余 20mm 聚氨酯保温（聚氨酯材料采用 1:1 的黑白原料融合搅拌），浇灌时注意速度不能太快，保证不会将外饰面岩棉板胀模。过程中监理通过旁站，监督施工是否每安装一块板后进行聚氨酯灌注，

过程中可通过抽查拆板检查聚氨酯灌注密实情况，判定灌注过程中是否符合设计及方案要求，岩棉夹芯板和聚氨酯之间是否形成无空腔体系。

该项施工主控项目及一般项目应符合：

（1）检查岩棉夹芯板与龙骨之间连接是否牢固、稳定，连接方法是否符合设计要求；

（2）聚氨酯和岩棉夹芯板预留空隙处应灌注聚氨酯，且不得有空腔；

（3）岩棉夹芯板安装应垂直、平整、位置正确，转角应规整，板面洁净，并应无油污、明显划痕、磕碰、伤痕；

（4）岩棉夹芯板外观应平整、光滑，色泽一致，接缝应顺直，表面不得开孔、开洞等。

结语

滑雪场聚氨酯保温施工对本项目建设至关重要，监理方在施工阶段重点把握过程控制，采取有针对性的监理措施，从而实现对滑雪场的保温质量、安全进行控制。结合滑雪场施工工艺特点，深化监理的过程管理，确保聚氨酯保温在目标可控的同时，为业主方提供优质增值并且超值的项目管理服务。

AI技术在建筑领域的展望

郭　阳

郑州大学建设科技集团有限公司

摘　要：当今社会，人工智能（AI）技术已经深入各个领域，建筑领域也不例外。AI在建筑设计、建造、维护和管理等方面的应用正日益增多，为建筑行业带来了更高效、更精确、更可持续的解决方案。AI技术可以提高建筑设计的质量和效率，优化建筑施工过程，改善建筑维护和管理的效果，为建筑业带来新的机遇和挑战。

关键词：AI技术；信息数据；控制算法

一、建筑行业的挑战

1. 设计效率低下：传统的建筑设计方法需要耗费大量的时间和人力，且存在重复设计和修改的问题，导致设计效率低下，设计周期长。

2. 施工危险和风险高：建筑施工是一项危险和风险高的工作，需要人力和物力的高度投入。施工过程中可能存在危险的操作和施工方式，例如高空作业、大型机械设备操作、电气作业等，这些操作容易导致人身伤害和工程质量问题。

3. 运营和维护成本高：建筑的运营和维护需要耗费大量的时间和人力资源。例如，建筑设备和设施的维护需要专业的技术和设备，而这些技术和设备需要不断升级和更新。此外，建筑的运营和维护还需要考虑环境、安全和能源等方面的问题，这使得运营和维护成本更高。

4. 可持续性和环境影响：传统的建筑设计和施工方式对环境的影响较大，例如，建筑材料的使用和废弃物的处理都会对环境造成影响。此外，建筑设备的能源消耗也是一个重要的问题，这直接影响到建筑的可持续性和环境保护。

5. 传统方法的限制：传统的建筑设计和施工方式存在许多限制，例如，手工绘图和纸质文件的使用限制了设计和施工的效率；建筑材料和设备的选择受到限制，难以实现多样化和个性化需求；传统的建筑管理方法难以满足现代化的需求，无法提供实时监控和数据分析等功能。

二、AI在建筑设计中的应用

（一）建筑设计过程中的AI辅助

AI技术辅助建筑设计已经成为越来越普遍的趋势。其中，建筑方案生成和3D模型生成是应用最广泛的两个方面。

建筑方案生成是指利用AI技术辅助设计师生成建筑设计方案的过程。这项技术可以通过输入一些基本的建筑要求和约束条件，然后由AI算法生成多个可能的建筑方案。设计师可以从中选取其中一个方案做进一步的优化。

建筑设计过程中的3D模型生成也是AI技术广泛应用的领域。通过输入建筑设计方案的参数，AI算法可以自动生成建筑的3D模型，节省了设计师的时间和精力。

（二）AI在建筑设计优化中的应用

AI技术可以帮助建筑设计师优化建筑模型、材料选择和能源消耗等方面的问题。分析建筑模型的结构和形状，进而生成更加优化的建筑模型。例如，通过分析建筑结构的受力情况和耐震性能等因素，AI算法可以优化建筑结构，提高建筑的安全性。

分析不同建筑材料的性能和价格等因素，从而帮助设计师选择最佳的建筑材料。例如，通过分析建筑材料的力学性能和耐久性等因素，AI算法可以帮助设计师选择更加合适的材料，从而提高建筑的质量和寿命。

通过模拟建筑的热效应和气流动力学等因素，预测建筑的能源消耗情况，并提供优化建议。例如，通过分析建筑的能源消耗情况和环境条件，AI算法可以提供建议，优化建筑的能源消耗和节能效果。

（三）基于AI的建筑设计自动化

基于AI的建筑设计自动化技术可以帮助设计师自动化处理大量的建筑信息，并快速生成建筑模型和设计方案。例如建筑尺寸、结构、材料等信息。这项技术可以通过建筑信息建模软件实现样式传递和自动布局，并根据输入的建筑信息自动生成建筑模型。

样式传递是指将一个建筑设计的样式传递到另一个建筑上的技术。这项技术可以通过将一个建筑的设计元素（如立面、窗户、门等）输入到AI算法中，然后将这些元素应用到另一个建筑上，以生成一个新的设计方案。

自动布局是指自动化地将建筑设计中的元素（如房间、门、窗户等）布置在建筑空间中的技术。这项技术可以通过输入建筑的基本要求和约束条件，然后由AI算法自动地生成建筑的布局。这项技术可以大大缩短建筑设计的时间，并提高设计的效率。

基于AI的建筑设计自动化技术可以帮助设计师快速地处理大量的建筑信息，优化建筑设计的效率和质量。随着AI技术的不断发展，建筑设计领域的自动化和智能化水平将不断提高。

三、AI在施工中的应用

在建筑施工中，AI技术可以帮助实现施工过程控制、过程优化和质量安全控制等方面的应用。

（一）基于AI的施工过程控制

基于AI的施工过程控制是利用人工智能技术对施工过程进行自动化管理和优化。其中包括施工进度监测、安全管理以及协调与调度等方面。

施工进度监测是利用AI技术实现施工进度的实时监测和预测。通过传感器、摄像头等设备采集施工现场的实时数据，并通过AI算法进行分析，可以得到施工进度的实时状态和预测结果。同时，AI算法还可以识别施工中的问题和瓶颈，提供解决方案并预测潜在延误，帮助项目经理更好地管理和调度施工进度。

安全管理是利用AI技术对施工场地进行监测和管理，提高施工安全。例如，通过监测工人的行为来预测潜在的安全风险，并及时发出警报。此外，AI算法还可以对施工现场进行实时监测，识别施工中的危险因素，并提供安全预警和解决方案。

协调与调度是利用AI技术实现施工过程中的资源优化分配和调度。例如，通过分析施工计划和资源分配，AI算法可以自动优化资源的分配和调度，提高施工效率并避免资源浪费。此外，AI算法还可以实时调整施工计划和资源分配，以适应不同的施工环境和需求。

（二）基于AI的施工过程优化

基于AI的施工过程优化是利用人工智能技术对施工过程进行自动化管理和优化。其中包括施工路线规划、物流管理以及设备运行优化等方面。

施工路线规划是利用AI技术实现施工路线的规划和优化。例如，通过建筑信息模型（BIM）进行分析和优化，可以提高施工路线的效率和准确性，减少人力和物力的浪费。同时，AI算法还可以根据施工现场的实时情况，自动调整施工路线和资源分配，提高施工效率和灵活性。

物流管理是利用AI技术实现物流过程的优化和精细化管理。例如，通过预测需求和分析库存，可以实现更精准的物流管理，减少物流成本和时间。此外，AI算法还可以自动优化物流路径和运输方式，提高物流效率和准确性。

设备运行优化是利用AI技术实现设备运行的优化和维护。例如，通过监测设备的运行状态，AI算法可以预测设备故障并提前进行维护，减少设备停机时间和维修成本。同时，AI算法还可以优化设备运行模式和能源利用，提高设备的效率和稳定性。

（三）基于AI的施工质量和安全控制

在建筑施工过程中，质量和安全是非常重要的因素。基于AI技术的施工质量和安全控制应用可以帮助监测施工过程中的质量和安全问题，以预防和避免可能出现的问题。

1. 施工过程质量监测：利用AI技术可以监测施工过程中的质量问题，例如材料的使用和安装是否符合标准、结构是否满足设计要求等。使用AI技术可以提高检测的准确性和效率，减少人工错误和漏检。例如，可以通过在施工现场安装摄像头，使用计算机视觉技术和机器学习算法来监测材料的使用和安装过程是否符合标准。此外，利用AI技术可以对施工现场的图像和数据进行分析，以检测结构是否符合设计要求。

2.安全风险预测：AI技术可以帮助预测施工中的安全风险，例如工人的错误操作、不当的操作环境、不安全的设备等。通过监测大量的数据，AI可以发现潜在的安全风险，从而采取措施减少事故发生的可能性。例如，可以使用传感器、摄像头等设备来收集施工现场的数据，利用机器学习算法对这些数据进行分析，以识别潜在的安全风险。此外，还可以使用机器学习算法来预测施工现场未来可能出现的安全问题。

3.质量缺陷分析：AI技术可以帮助分析质量问题，找到问题的根源并提出解决方案。例如，通过对建筑结构的模拟分析，可以发现设计或施工过程中存在的缺陷，并提出相应的改进方案。例如，可以利用BIM技术对建筑结构进行模拟分析，发现潜在的质量问题并提出解决方案。此外，还可以使用机器学习算法对施工现场的数据进行分析，以帮助找出质量问题的根源。

四、AI在运营和维护中的应用

（一）基于AI的建筑设备监控和运维

随着建筑设备的智能化程度不断提高，基于AI的设备监控和运维技术也得到了广泛应用。AI技术可以通过对设备运行数据的监测和分析，实现对设备状态的实时监控和故障预警。例如，在空调系统中，可以通过对空气温度、湿度等参数的监测，结合AI算法进行数据分析，实现对空调系统运行状态的智能化监控。一旦发现异常情况，系统可以及时发出预警并进行相应的维修计划。此外，基于AI技术的设备维护规划也成为

一种趋势。通过对设备运行数据的分析，可以预测设备的维护需求，并制定相应的维护计划，最大限度地减少设备故障和停机时间。这种基于数据的维护方式，不仅提高了设备运行的效率，也降低了维护成本，为建筑运营提供了重要支持。

（二）基于AI的建筑智能化管理

建筑智能化管理是指通过感知技术、信息技术、控制技术等手段，实现对建筑内部各种系统的智能化监控和调控，提高建筑的管理效率和运行效益。在这个领域，AI技术也发挥了重要作用。例如，在建筑安防方面，可以通过基于AI的视频监控系统，实现对建筑内部和周边区域的智能化监控。系统可以自动检测和识别人员和车辆等物体，实现对建筑周边环境的实时监控和预警。

在智慧停车方面，也可以通过基于AI的停车管理系统，实现对停车场内车辆的自动识别和定位，以及智能化的车位分配和路线引导。这种系统可以有效减少停车场拥堵和寻位时间，提高停车场的利用率和运营效益。

（三）基于AI的建筑能源管理

在建筑运营和维护阶段，基于AI技术的能源管理可以帮助建筑实现节能减排、降低能源成本和提高能源利用效率。

1.能源消耗监测：通过安装传感器和监测设备，收集建筑各种设备和系统的能源消耗数据，再利用AI技术进行数据分析和建模，实现对能源消耗的实时监测和管理。监测和管理范围包括照明、供暖、通风、空调、电梯等各种能源消耗设备。

2.能源消耗预测：通过历史数据和天气预报等信息，利用AI技术预测未来一段时间内的能源消耗情况。预测结果可以为建筑的能源管理提供重要参考，

包括设备维护、节能措施制定等。

3.能源管理优化：通过AI技术，结合建筑能源消耗监测和预测结果，优化能源管理策略，提高能源利用效率，降低能源成本，减少碳排放等。例如，在供暖系统中，可以利用AI技术控制温度、湿度等参数，实现最佳供暖效果，减少能源消耗。

五、建筑行业AI发展趋势

（一）建筑行业未来AI研究方向

建筑行业未来AI研究方向主要包括以下3个方面：

1.模型算法的研究：针对建筑行业中的特殊问题，需要深入研究新的AI算法和模型，以提高建筑物设备的预测准确性和智能化水平。例如，更好的建筑能源预测和管理算法、更准确的人员流动和拥挤预测算法等。

2.数据质量控制：AI技术对数据质量的要求非常高，需要对数据的来源、格式、精度等方面进行优化和控制。未来的研究方向包括数据采集、数据处理和数据挖掘的优化，以提高数据质量和可靠性。

3.智能化协调与协作：建筑物中的多个设备和系统之间需要进行协调和协作，以实现高效的运行和节能。未来的研究方向包括建立智能化的设备协调和协作模型，以及开发智能化的控制策略和算法，实现建筑物内各设备之间的协作。

（二）建筑行业AI发展的机遇和挑战

1.技术应用：随着AI技术的不断发展和普及，建筑行业中AI的应用将会更加广泛，如建筑设备监控、智能化管

理、能源管理、智能建筑等多个领域的应用。

2.技术风险：AI技术应用面临着很多技术挑战和风险，如设备故障、数据安全、系统不稳定等。未来需要研究更安全可靠的AI应用技术，降低风险。

3.产业转型的机遇和挑战：AI技术的发展和广泛应用也将引发建筑行业的产业转型。未来建筑行业需要从传统的建筑设计、施工和运维模式向智能化、数字化、绿色化方向转型，以适应市场需求和发展趋势。同时，也需要应对转型带来的挑战，例如人员培训、技术创新和管理变革等。

结语

总体而言，建筑行业AI应用具有巨大的优势和潜力，如提高建筑设备监控和运维的效率、实现建筑智能化管理、优化建筑能源消耗等方面的应用。随着人工智能技术的不断发展和成熟，建筑行业AI应用的研究和发展也将不断深入。未来的研究方向包括模型算法的研究、数据质量控制、智能化协调与协作等。建筑行业面临着技术风险和产业转型的机遇与挑战，因此，需要不断探索和应用AI技术，以应对市场竞争的压力，并推动行业转型升级，实现可持续发展。

参考文献

[1] 周子骞，等.建筑设计领域人工智能探索：从生成式设计到智能决策[J].工业建筑，2022（7）：159-172，47.
[2] 刘安琦.人工智能新技术在智能建筑中的应用研究[J].房地产世界，2021(20)：81-82.
[3] 刘占省，孙啸涛，史国梁.智能建造在土木工程施工中的应用综述[J].施工技术（中英文），2021(13)：40-53.

在云"监"，为"上海之巅"建设护航

——上海中心大厦工程监理工作浅析

龚 平

上海建科工程咨询有限公司

摘　要：本文从工程监理的角度出发，回顾了上海中心大厦工程建造过程中的工作内容，包括组织策划、团队组建、技术攻关、质量安全管理、绿色认证配套工作、BIM应用、科技研发等。对本项目的监理工作进行高度总结，充分展示了工程监理的非凡奉献和行业风采，希望能够为后续同类项目的建设提供前瞻性指导和建议。

关键词：工程监理；超高层；上海中心

一、项目背景

"上海中心"位于上海浦东陆家嘴金融贸易区核心区，主体建筑总高度632m，地上127层，地下5层，总建筑面积574058m²，其中地上部分总建筑面积410139m²，办公建筑面积共计271131m²，是一座集办公、酒店、会展、商业、观光等功能于一体的垂直城市[1]。工程于2008年11月29日开工，2016年3月12日总体完工，成为陆家嘴天际线的制高点，是当今中国第一、世界第二高楼，向世界展现了上海景观中心雄伟的城市标志[2]。作为中国第一座超过600m的超级工程，上海中心不仅是上海的骄傲，同时也承载了中国人的梦想。

作为一项特大型综合体项目，上海中心项目的建造工艺国内乃至世界领先，因此在整个建造过程中必然会遇到诸多技术特难点，如超高层项目结构形式复杂，核心筒、主楼外围错层施工，钢结构安装精度要求极高；主楼钢构件众多，构件形式复杂，高强度、超厚钢板应用较多，钢结构制作、安装难度极高；外幕墙不同于传统的幕墙上下一致排列，每一个单元板块都是上下错开按一定规律进行排列，且每一个单元板块的尺寸均不相同等。另外在组织协调上，本工程仅参建单位就超过了100家，各单位界面管理工作复杂，尤其是各分包合同标段的界面处理和交叉平行施工以及种种矛盾的协调工作量非常大。

面临各方面的挑战，仅仅依靠传统的现场监理工作难以满足本工程的高标准要求。因此，在技术上，建科咨询上海中心监理项目部提出了"充分策划，样板先行，及时总结"的工作思路，对关键技术工作，结合科研成果进行事先策划，编写监理方案和实施细则，并在项目实施前进行充分的交底，在实施过程中对发现的问题及时总结，持续提升监理的工作能力；在管理上，监理在工作中明确信息流转和协作工作的流程和关系，突出重点抓总包、提高管理效率。同时，监理协助建设单位组织好各项工作，消除潜在的界面缝隙，实现和实行"无缝管理"模式。

正是建科咨询工程监理近10年来踏踏实实一步一个脚印，始终坚持着"策划先行、过程创新、事后反思、不断学习"的理念，才能为"上海中心"的完美收官成功助力。

二、监理工作

（一）组织策划及团队组建

上海中心大厦工程是举世瞩目的超

级工程，面对众多的难点，监理项目部根据工程进度，量身定做项目部组织架构，分为桩基围护阶段、结构施工阶段、装饰装修阶段和竣工收尾阶段。监理项目部根据上海中心大厦监理工作的需要，出色地完成了监理任务。监理于2008年11月10日开始进驻现场至施工完成。过程中，监理项目部根据各专业特点，及时对项目部人员结构进行调整和优化，使各专业监理工程师对施工全过程按照监理程序进行全面质量控制管理，坚持安全第一、严格质量把关、热情服务的监理原则，保证完成工程施工安全、质量、造价目标，认真做好监理各项工作。

同时，我们是一支年轻的高素质队伍，也是一支脱离了传统监理做法，却又努力回归监理初衷的团队。在项目建设初期，监理项目部是一个27人的团队，平均年龄不到30岁，后期即使在项目全面铺开时（共计49名监理工作者），40岁以下的人员也达到了62%，其中90%以上为大专及以上学历。这支近50人的监理团队，其数量之多，在同类项目中实属少见。为确保整个项目部充满凝聚力、团结一致，做到思想一致、行动一致，监理项目部从加强制度管理出发，提出了"文化引领，创新实践"的工作理念，将"规范、进取、学习、创新、实践"的文化融入日常工作中。

10年时间，3000多个日日夜夜，对于上海中心项目监理项目部来说，不啻为一场绝佳的历练。当初年轻稚嫩的脸庞已被成熟和自信所取代。上海中心，这个国内第一高楼，在刷新上海城市新高度的同时，也刷新了监理团队的专业水平。

（二）关键核心技术攻关

本工程包括众多主要关键技术项目：①超大超深钻孔灌注桩；②超大超深基坑（主楼顺作、裙房逆作）；③超大超厚大底板混凝土施工；④超高层混凝土施工；⑤大型钢结构加工及吊装；⑥幕墙钢支撑体系悬挑施工；⑦内外双层玻璃幕墙板块安装；⑧结构超高带来的立体交叉施工等。

针对上述施工内容，会同各参建方，商讨确定各主要分项的施工质量验收标准，通过专家评审并在项目中有效运用。形成的技术标准主要包括：①上海中心大厦主楼钢结构验收标准；②上海中心大厦外幕墙验收标准；③上海中心大厦幕墙钢支撑验收标准；④上海中心大厦钻孔灌注桩验收标准。

（三）质量安全管理创新

1.质量管理方法创新方面

面对本工程特有的关键技术，制定符合分项工程特点的过程检查和验收方式，确保工序质量和最终效果。主要的创新方式包括以下内容。

1）钻孔灌注桩过程检查

本工程桩基最大的特点在于桩径大且超深，最深达到地面以下86m，且进入砂层近50m，需要重点控制桩基的垂直度及除砂，确保泥浆比重在规定范围内。因此除了常规的检查内容之外，采用了全过程监督检查方式。对成桩过程全过程检查，采用24h不间断监控的方式，过程中要求每2h检查1次成孔泥浆相对密度及桩基平整度，确保成孔过程中的泥浆比重及成孔垂直度。

由于本工程采用了后注浆工艺来提升桩基承载力，因此将其作为质量控制的重点环节。对后注浆的质量控制细化到了各个环节：注浆管的连接及下放、注浆管劈水试验，以及对注浆量和注浆压力进行控制。

2）超大超厚大底板混凝土施工控制

本工程主楼底板混凝土厚6m，总用钢量1.5万t，采用高流态C50混凝土，用量接近6万m³，施工期间共动用6个混凝土泵站、450辆泵车、现场布置6台固定泵、12台汽车泵，连续浇筑66h，一次浇筑成型，创造了房屋建筑史上混凝土浇筑方量之最。其施工组织复杂、管理难度之大在民用建筑范围属于空前。作为工程监理，如何保证各工序环节的监管到位，是保证此次混凝土浇筑成功的关键之一。为此，监理仔细研究了施工方案，并结合专家评审意见及建议，制定了《监理控制方案》，重点就如下方面进行全程监控：

（1）混凝土原材料质量控制及检查：混凝土泵站的现场检查，包括对各类原材料的检查。

（2）混凝土抗压及抗渗试块的制作数量，根据规范及本次浇筑方量进行确定。

（3）混凝土扩展度的现场检查，合理设定检查频次的分布。

（4）现场浇筑环节，重点对混凝土入模的方式进行控制。

（5）做好过程中及浇筑后的混凝土测温。

（6）浇筑完成后做好预防混凝土收缩的养护工作。

通过对上述方面的控制，实践效果证明，监理专项方案的制定是有效合理的，过程中对入模高度的纠偏、均匀浇筑的督促对大底板一次浇筑成功起到了重要作用，同时统一了高流态混凝土抗压试块及抗渗试块的制作标准，这些经验成果对类似工程规范的补充将是必要的。

3）主楼顺作、裙楼逆作基坑施工

上海中心大厦主楼顺作、裙楼逆作

是结合场地、工期的要求制定的施工方案。主楼采用圆形剪力墙加六道环撑组成的临时地连墙围护体系，裙楼采用逆作法的施工方法。主楼开挖到底进行大底板浇筑时，裙楼仍在进行钻孔灌注桩的施工。所以，其间工况相当复杂，如何避免相互间的影响尤为重要。关键在于控制以下几方面：

（1）主楼采用圆形剪力墙加六道环撑的临时围护方式，地连墙的真圆度控制最为关键。

（2）按需降水必须得到保证，尤其应考虑降水对环外仍在施工的钻孔灌注桩成孔质量与进度的影响。

（3）挖土顺序的控制及严禁超挖。

（4）变形的实时监控，信息化施工管理的有效实施。

（5）逆作法楼面施工混凝土浇筑分块对称。

（6）一柱一桩柱梁节点竖向钢筋的固定。

就上述的关键点制定详细的监理实施方案是上海中心大厦顺、逆作法技术管理的保证。

4）超高层混凝土施工

上海中心大厦高 632m，结构标高为 580m，混凝土的泵送高度又创下了中国乃至世界之最，与一般的超高层建筑混凝土浇筑相比，显现出不同之处：

（1）采用劲性结构，钢结构、钢筋的节点复杂，混凝土的流淌路线设计必须合理。

（2）采用高流态自密实混凝土。

（3）选用合适的混凝土固定泵及合适口径的耐磨混凝土泵送管，且固定牢固。

（4）建筑周期长，混凝土配合比的动态管理显得尤为重要，不同的高度、不同的季节，混凝土的配合比应有所调整。

针对上述特点，制定了上海中心大厦监理结构混凝土浇筑的监理实施细则。详细就混凝土配合比的管理、固定的泵送压力、泵送管的材质及固定、混凝土扩展度的抽查、试块的制作数量与养护方式等予以规范，为超高层混凝土的泵送质量控制积累了经验。

5）数字化模拟预拼装检验技术

本工程钢结构总量超过 11 万 t，分别由 2 家国内钢结构加工厂加工。由于本工程采用劲性结构体系，因此构件数量和体型都十分庞大，尤其是桁架层、塔冠等重点部位。在钢结构加工厂检查方面，采用了如下具有针对性的检查方式：

首先明确驻厂工作的重点，不仅仅是对构件加工质量的检查，更关键的是确保整个加工过程质量的总体平稳。因此注重对加工厂的质量管理体系进行检查：除了常规驻厂外还采用不预先通知的飞行检查工作方式；采用焊缝合格率的统计指标等反映各加工点的质量。

对于超大型钢结构的预拼装，如果全数按照常规进行工厂内预拼装，本工程进度和成本要求都难以达到。因此，本工程中采用了实体预拼装结合 BIM 模型模拟预拼装的方式，进行桁架层等部位的安装精度控制。将加工好的大型钢构件的几何尺寸录入三维模型中，用模型进行电子模拟预拼装以取代构件实体预拼装，实践证明此方法有效且简洁，既保证了预拼装的准确性，又节约了工期及人工成本。

6）柔性悬挂幕墙体系的检查方式

本工程双层玻璃幕墙打造了建筑柔美的外形，同时也带来了极大的技术挑战，尤其外幕墙部分是由钢结构环撑体系和单元幕墙板块体系组成，所有的幕墙埋件均焊接在钢结构的环撑上，制作要求特别高。且随着幕墙单元板块的安装，其自重会引起环撑的变形，影响幕墙板块的安装。为保证幕墙板块安装的顺利进行，采用了由"专业分包－总包－监理"三方分别复测数据的方式，测量结果反馈到 BIM 模型中校验，确保环撑上的每一埋件偏差在规定的范围内，同时在过程中监测环撑的变形，及时按预设方案纠偏。采用了这样的方式，监理的工作由事后检查验收跨越到了事前、事中，既保证了质量又加快了工程进度，得到了各参建方的肯定。

2. 安全管理方法创新方面

1）安全技术保证

安全生产文明施工，离不开科学合理的技术方案。特别是对于超高层特大型项目，涉及较多的安全技术突破，比如深基坑开挖、高大支撑排架等。在施工过程中，要做到安全，必须有完备的技术方案保证，并严格按程序进行审核和论证。

（1）在专项工程安全技术管理方面，围绕超高层特点，识别并形成了核心筒劲性结构、大型钢结构、幕墙围护结构三方面专项安全管理技术要点。针对每个专项工程，进行风险识别、控制要点制定。

（2）对于除专项施工内容之外，超高层特有的安全管理难点，识别了大型机械管理、防台防汛、消防管理、临时用电四个方面的安全管理控制体系。针对每项内容，识别出具有超高层特点的管理内容。

2）安全管理模式

（1）落实项目负责人的安全生产责任制。保证项目负责人的工作落实到位，一把手真正上岗到位，才能对安全生产实行全员、全方位、全过程的管理和监督，才能形成"一把手是安全第一责任者为核心的各级安全生产责任制"。

（2）做到安全生产层层有责，按照"谁主管、谁负责"的原则，明确从一把手、副职、总工程师到职能管理部门负责人及其工作人员的安全责任。做到层层把关，分兵把守，群防群治，群策群力，使安全生产处于受控状态。

（3）层层签订安全生产责任状，建立起自下而上、分级控制事故，层层保护，一级对一级负责的保证体系。要将安全目标通过责任状的形式加以细化和量化，建立、完善实施细则和考核办法。通过实行过程跟踪和阶段考核，进行动态管理，确保安全记录"与日俱进"，安全形势日臻稳定，安全目标如期完成。

（四）现场配合绿色认证

本工程需要同时满足美国LEED铂金认证以及国家绿色建筑三星级认证。相关设计、施工及运营阶段的工作需要配合评审的工作。具体到施工阶段，如何满足双认证要求，需要监理、总包进行明确，包括以下两项：

1. 两套认证体系要求的整合

国内外两套认证体系虽然都是提倡绿色建筑理念，但在具体指标和操作方式方面有所不同。因此，监理首先将两套认证的异同进行了识别，重点对各项得分点涉及的表格进行重新调整，调整后的表格同时满足两套认证体系要求，经现场各参建单位确认后，作为施工过程控制依据。

2. 过程关键指标的动态控制

绿色建筑施工过程关键控制点包括对高强度材料、本地材料，以及再生材料所占比例的控制。对于这些重点指标，

监理每季度进行数据收集确认，按阶段由咨询顾问单位进行分析总结。控制要点包括：当控制指标接近预警值时，会同施工方采取调节措施；过程中注意对材料厂家原始证明文件的收集。

（五）BIM辅助施工管理

本工程在多个专项工程中均推进了BIM工作。围绕监理工作的特点开发并实践了一系列与BIM相关的技术方法。

1. BIM工作平台开发

在该BIM信息平台的开发过程中，考虑的主要因素是工程的重要信息管理，例如质量、安全、进度等方面。基于既有的工程BIM模型，引入了"数据标签"的概念，将数据与模型进行关联。标签中能够包含各方所关心的重要信息，例如工程材料信息、检查验收信息、问题整改情况等。

此外，监理人员可以在工作平台中进行常规的工程管理流程操作。因为有了BIM模型的引入，使得一些常规工作能够更加直观、有序，提升管理效率（图1）。

2. BIM辅助现场技术

在进行BIM平台管理功能开发的同时，进行了一系列关于BIM应用技术的监理应用。三维激光扫描可以在现场精确地获得扫描对象的三维点云模型，具有高效率、高精度的特点。因此，在一定条件下可将该项技术与关键部位的实体测量相结合。

全景扫描技术是另外一种获取现场实体模型的工作方式。与三维扫描的区别在于，这种方式虽然没有极高的精度，但是可以最大限度地还原特定时间节点的施工现场。这样可以在质量管理中起到较好的追溯作用。

（六）科研成果提升能力

围绕上海中心大厦等重大工程中可能遇到的关键技术的质量安全风险，同时围绕上海中心大厦作为绿色建筑的特点，监理部展开了相关科研工作。科研工作随工程推进，科研素材来源于工程，科研成果指导工程管理。

期间监理项目部共计在核心期刊发表技术论文19篇，国际会议交流3次，

图1　BIM上海中心工程管理系统

开展科研课题 7 项，主要包括：①上海市建科院课题："上海中心大厦超大超深基坑施工监理控制方法和体系研究"；②"超高层绿色建筑施工监理与风险控制技术研究"；③"超高层结构施工变形控制研究"；④"超高层建筑施工安全管理体系和过程评价研究"；⑤"基于BIM的监理工作和创新管理研究"。

三、荣誉奖项

（一）项目获奖

①第十五届中国土木工程"詹天佑奖"；②2015 年度"国家钢结构金奖"；③2015 年度上海市"园林杯"优质工程金奖；上海市 3A 级安全文明标准化工地；④2016 年度上海市建设工程"白玉兰"奖（市优质工程）；⑤2016—2017 年度"鲁班奖"；⑥2016—2017

年度"国家优质结构金奖"；⑦2010 年市重大工程文明示范工地；⑧2011 年市重大工程文明示范工地；⑨2012 年市重大工程文明示范工地。

（二）监理荣誉

①2009 年度上海建科监理样板窗口项目部；②2009 年上海建科监理优秀项目部；③2009 年先进集体；④2010 年度上海建科监理样板窗口项目部；⑤2010 年先进集体；⑥2011 年上海市优秀青年突击队；⑦2011 年上海市重大工程立功竞赛优秀集体；⑧2011 年先进集体；⑨2011 年先进青年突击队；⑩2011 年学习型班组；⑪2011 年优秀窗口样板项目部；⑫2012 年先进集体；⑬2012 年学习型班组示范点；⑭2013 年第五届运动会团体比赛第二名；⑮2013 年市重大工程文明示范工地；⑯2013 年先进集体；⑰2013 年优秀团队。

通过全体建设者近 10 年的不懈努力，可以骄傲地说，我们出色地完成了上海中心大厦的建设任务，为自己，为建科，为上海交出了一份无愧于心的答卷，同时也为中国监理行业 10 年来的锐意进取，蓬勃发展，留下浓墨重彩的一笔。忆往昔，雄关漫道真如铁，展未来，长风破浪会有时；如今上海中心大厦已经屹立在浦江之滨，撑起申城天际线，每每看到上海中心大厦灯光秀散发出的耀眼光辉，回想起在云间"监"的点点滴滴，桃之夭夭，灼灼其华，寂静又冗长的岁月里，盛开一树芳华。

参考文献

[1] 丁洁民 . 上海中心大厦之建筑与结构 [J]. 建筑技艺，2012（5）：6.
[2] 夏军 . 从上海弄堂到上海中心大厦：一个超级摩天大楼设计方案的诞生 [J]. 建筑实践，2018，1（1）：3.

提升技术服务水平　为客户创造价值
——淄博市文化中心 C 组团项目管理工作交流

杨朝红

山东同力建设项目管理有限公司

一、项目概况

淄博市文化中心 C 组团项目，包括文化馆、科技馆、中国陶瓷琉璃博物馆；建筑面积 76872m²，建筑高度 32.4m，地下 1 层，地上 5 层；项目于 2016 年 9 月 15 日开工，于 2018 年 9 月 30 日竣工。项目管理目标："鲁班奖"、全国 3A 级安全文明标准化工地、全国绿色施工示范工程、绿色建筑二星标准。

项目建筑造型优美、错落有致，是淄博市市委、市政府投巨资打造的文化交流场所，也是淄博市的重点工程与民心工程。本文就项目管理、管理体系建设、控制文件制定等进行论述。

二、项目管理（监理）服务亮点

本项目规模大、工期紧，质量、安全及绿色施工要求高；主动延伸服务阶段与范围（项目管理）；对工程建设设计方案的过程参与提出建议；对工程建设项目商务活动的全过程参与并把控监理工作标准化、规范化。

三、管理体系建设

公司建立、健全并通过了质量管理体系、环境管理体系、职业健康安全管理体系三体系认证，各体系有效运行，公司专家委员会编制的一系列公司标准是项目开展工作的前提。

项目管理班子建设：该项目由项目总监、3 名专业监理工程师、4 名监理员组成，其中专业监理工程师均为注册监理工程师。人作为工作的执行单元，是工作成败的决定性因素之一，所以必须配备与项目相匹配的管理班子，保证合同履约能力。主要应注意以下几个方面：人员的数量与工程规模匹配，人员的素质和能力与工程建设难度匹配，监理人员必须具有良好的工作态度及技术能力。项目部必须注重对监理人员的培养与塑造，使项目班子具有良好的沟通与协作能力，具有能打硬仗的团队精神。

四、制定控制文件

项目人员根据项目具体情况编制项目管理（监理）规划、监理实施细则等相关控制文件。

项目基坑开挖深度 5.6m，最深达 9.1m；7 处高支模区域，最高架体搭设高度 32m，梁跨度最大 19.5m，最大梁截面 400mm×3250mm；以上区域及部位进行专家论证。

高支模辨识。传统意义上的高支模辨识，是通过平面图纸，在脑海中想象梁或者是板的位置，这种情况下很容易导致高支模数量上的遗漏，辨识度较低。通过 BIM 技术获取的高支模信息，直接通过三维的角度展示，工程中所包含的高支模区域一目了然，不会出现遗漏。专家论证时，既节约了时间，同时又提高了效率。

本工程的实施难点在于建筑物中间的内圆柱形外圆锥形的馒头窑体造型的施工。该部位从建筑、结构、外部幕墙、内部精装、防火分区设置、机电安装到实现与陶瓷琉璃展陈一体化，各个阶段的设计与施工方案都与建设单位、使用单位、设计单位、总包单位、各专业分包单位反复碰撞研讨，在符合各规范的条件下尽量呈现空间的最大化，保留原工程实体结构的建筑美。监理单位在此过程中提出大量的合理化建议，并被采纳实施在工程中。

施工组织设计及专项施工方案审核。审定施工单位报送的各项施工组织设计与专项方案，结合工程实际情况综合考虑质量、安全并兼顾经济性的原则，对各方案提出审核修改意见，有的方案施工单位多次修改提报才能通过审核，批准实施。

五、项目管理（监理）实施

1. 建设单位充分信任与授权。本工程是政府投资项目，在建设单位淄博新城区开发建设办公室的授权下，代为行使部分建设单位的职能实施项目管理。

2. 与使用单位提前对接。参与幕墙、精装修、钢结构、弱电、中水、雨水各项需深化设计方案的讨论，给出合理化建议，最大限度做到各分项工程之间在时间节点与技术层面的无缝衔接。

3. 对工程建设项目商务活动的全过程参与和把控。

①和总包单位讨论制定各材料设备分项工程的采购时间计划表；②审定材料设备采购计划；③材料设备询价；④审定招标文件，提供技术参数；⑤参与招标；⑥审定采购合同；⑦审核形象进度工程量清单，签署工程款支付证书；⑧参与计量，审核签证单及造价调整联系单。

4. 主动承担与各入驻单位的沟通联系工作，向业主提供工程建设进展情况，提出需要他们配合解决的问题。

积极与淄博市展览馆、文化馆、科技馆进行对接协调工程中的各项事宜。参与展览馆设计方案研讨会，实现后期使用要求与工程实体建设的无缝对接。为了实现空间的最大化，监理人员对展览馆所有展厅内的各管线进行实体标高测量，优化排布，结合展厅的设计主体和吊顶方式，确定每个展厅的吊顶高度，以实现最佳视觉效果。

根据展览馆参观路线的调整，建议取消四层的斜廊设计（已按照设计变更完成该部位的施工）。

根据淄博市展览馆、文化馆提出的办公室面积过大，超出规定，需要调整办公面积及布局，我方协助完成房间布局调整工作。

5. 参与设计。在审图中发现项目的中水设计没有形成体系，缺少室外中水处理系统，各组团之间没有通盘考虑，缺少海绵城市雨水设计内容。我方及时汇报给建设单位，建设单位授权我方牵头组织各设计单位对文化中心的中水雨水系统，统一设计形成最终方案。我方组织召开海绵城市设计方案研讨会；组织整个文化中心各施工单位、安装单位、设计单位的安装技术人员召开安装协调会；抗震支架优化、电力电缆优化讨论、中水雨水设计方案讨论；通过 BIM 机电建模，检查管线碰撞，优化管线排布；发现问题主动联系设计单位、设备供应单位、总包单位进行积极协调，研讨解决方案。

6. 参与工程商务活动。组织各单位按照清单、合同约定商定专业工程分包、甲控材料、自购材料的分类采购计划。

专业分包工程包括钢结构工程、电梯工程、幕墙工程、弱电智能化工程、亮化工程、精装修工程、陶瓷琉璃展陈工程。

甲控材料采购主要包括暖通设备、消防设备、给水设备、卫生洁具、管材、阀门、电缆桥架、电缆、灯具开关插座、配电箱等清单中列明的材料设备。自购材料包括清单中未明确甲控的材料设备。

按照工程实施进度计划，组织专项会议商定工程材料、设备招标采购计划，

合理划分采购单元，对材料设备性能、技术参数、品牌定位进行研讨。

组织召开工程材料招标会议，商定工程材料、设备具体招标采购计划，对材料设备性能及技术参数进行研讨，对技术参数有疑问的主动联系设计单位明确设备参数。参与招标、审定采购合同等，如电梯设备技术参数及要求，为项目材料设备采购提供技术支持。

7. 工作的标准化、规范化。

1）投资审核：审核处理与工程投资有关的联系单签证资料等；审核施工单位申报的投资性文件。

2）过程控制：监理部定期召开监理例会（PPT 形式），并按需召开专题会及协调会。由监理部组织有关单位对施工中出现的问题提出解决方案，针对下一阶段的工作重点提出要求，并对相关事宜进行协调。

做好事前控制，按需组织各分部、分项的技术方案讨论会，做到方案先行，样板引路。

监理部每周会对进度实施情况进行分析，找出偏差。如进度滞后便组织施工单位召开进度调度会，分析原因，制定措施，并监督实施。

做好项目管理的日常工作实现闭环管理，如材料、设备进场验收，放线检查，钢筋复核，防水巡视检查等工作。发现问题及时下发监理通知，并要求按照规定的时限处理，完成并进行回复验收。

六、先进的管理手段

公司 BIM 技术团队借助先进的计算机设备和软件，发挥公司技术和智力的资源优势，通过项目信息整合，进行三

维建模和施工仿真模拟，从而有效帮助业主实现对整个施工过程的管理。

在实施中，我们与施工单位的 BIM 团队密切合作，对项目的重点、难点精准把控。

1. 陶瓷琉璃博物馆中心椭圆区域，顶部北高南低，柱顶围绕椭圆形斜梁，设计院给出的图纸用平面图形表达出三维尺寸的定位。施工现场对柱顶标高以及梁顶标高定位不准确。通过 BIM 技术，在已做好的模型基础上，对柱顶以及梁顶的标高进行标注，形象直观，同时增加了定位的准确性，提高了施工质量。通过 BIM 技术获取的高支模信息，直接通过三维的角度展示，工程中所包含的高支模区域一目了然，避免出现遗漏。

2. 通过 BIM 结构建模发现地下室南入口框架梁截面高度较大，造成该部位空间高度不足，影响车辆通行，联系设计人员将该部位梁调整为上翻梁，提升通道高度，便于车辆通行。

组织施工、监理、设计单位专业设计人员应用 BIM 技术进行各专业碰撞点检查和优化，检查出重大碰撞点 75 处，并对碰撞点进行了优化及调整。

3. 项目高支模方案论证利用了 BIM 技术辅助。高支模方案的编制利用了 BIM 技术辅助，除了采用 CAD 图表达高支模区域架体布设外，还加入了高支模区域建筑、结构 BIM 三维建模图，再和其他模架计算软件结合进行对比分析，使专家组对方案的核心、要点的理解一目了然，论证过程高效、精准。专家组及建设单位对论证方案的编制设计工作给予了极大的肯定和赞扬。

4. 钢结构深化设计中利用 BIM 技术三维建模，对钢结构构件空间立体布置进行可视化模拟，通过提前碰撞校核，可对方案进行优化，有效解决施工图中的设计缺陷，提升施工质量，减少后期修改变更，避免人力、物力浪费，达到降本增效的目的。具体表现为：利用钢结构 BIM 模型，在钢结构加工前对具体钢构件、节点的构造方式、工艺做法和工序安排进行优化调整，有效指导制造厂工人采取合理有效的工艺加工，提高施工质量和效率，降低施工难度和风险。另外，在钢构件施工现场安装过程中，通过钢结构 BIM 模型数据，对每个钢构件的起重量、安装操作空间进行精确校核和定位，为在复杂及特殊环境下的吊装施工创造实用价值。

5. 通过扫二维码实现可视化交底：对项目每个构件进行检查和验收，将每个构件的详细信息录入档案，并在每个构件粘贴二维码，可随时用手机扫码，获取该构件的详细信息和资料。

6. 公司项目管理系统 PC 端及配套的手机 App 的使用，实现了项目现场与公司的实时沟通。公司的项目管理系统将相关流程从线下改为线上，大大提高了工作效率。

项目部人员使用规范化的表单目录上传资料，及时反馈工地建设管理动态信息，公司领导及相关管理人员在公司网站通过查看监理部资料的上传情况，及时检查项目进展并对存在问题进行督导，以解决工地分散，总部距离远管控难度大、不及时的问题。

项目人员从公司网络系统共享资料库内查询公司相关标准、最新的规范图集等内容，获取技术支持。

项目万能查询：各业务完善项目信息实现资源再整合，最终汇总形成全过程咨询大数据，供项目查询使用。

七、项目管理（监理）实效，为客户创造价值

创造价值才是企业生存之根本。任何为客户提供的产品与服务，必须能为客户解决问题，创造价值。

倘若客户认为该商品不能为其带来效用或利益，不能满足其实际需要，那么即使企业花费再多的时间和资源都是徒劳的。通过我们的工作为项目节约造价 300 多万元，直接为客户创造了经济价值。

工程目标要求高、工期紧。我们投入大量的时间和精力，提前解决项目各个环节的技术、商务问题，以保证各项工作在时间节点的衔接环节上最为高效。为项目的顺利实施起到主导推进作用，从而确保工期目标的实现，为客户创造了时间价值。

本项目通过我们的努力和各单位的通力配合取得了质量管理、工程安全文明管理、绿色施工、投资控制、进度控制等各方面优异的成绩，建设单位及社会各界对项目给予了较高的评价，对行业发展起到引领和示范的作用，创造了社会价值。

八、社会影响力

本项目在建期间作为省市的重点标杆项目被多次观摩。先后获得"鲁班奖"、全国 3A 级安全文明标准化工地、全国绿色施工示范工程、绿色二星建筑等多个奖项。目前中国陶瓷琉璃博物馆参观流量最高单日达 2 万多人，成为网红打卡地，文化馆和科技馆也成为淄博市人民日常文化活动的重要场所，本项目实现了民心工程的建设目标，取得了很好的社会影响力。

仿石漆外墙装饰发展前景及施工监理要点

胡盛勇

浙江求是工程咨询监理有限公司

摘　要：仿石漆具有接近天然真实的色泽，给人庄重、高雅的美感。特别适合建筑物外墙装饰。仿石漆包括仿真实漆、仿砂岩漆、仿大理石漆、仿风化岩漆、仿木纹漆、仿玉石漆、仿花岗石漆等。与传统外装饰贴墙砖和外墙涂料相比，有安全、抗环境侵蚀效果好、美观耐久的优点。

关键词：仿石漆；施工；监理

一、仿石漆外墙装饰发展前景

目前外墙装饰广泛使用的是外墙涂料和瓷砖、大理石、花岗石粘贴装饰。外墙涂料具有色彩丰富、安全性好、价格低廉、施工简便、工期短、可以直接涂覆外墙表面、施工效率高、重涂翻新容易等优点。但使用一两年就会出现褪色、剥落、空鼓、裂纹、起皮、老化等现象，严重影响了外墙的装饰效果。在很多消费者眼中涂料是一种低档装饰品，不符合外墙高档装修的消费观念。再加上很多建筑外墙涂料选色不合理，选土红或者暗灰色，给人一种压抑阴沉的感觉。瓷砖、大理石、花岗石的装饰效果好，但近年来出现了很多脱落伤人事故，很多城市已经不允许在高层建筑外墙装饰中使用此类装饰材料。仿石漆喷涂效果高档美观，庄重典雅，能够充分展现石材的丰富质感，具有极强的附着力，抗开裂、不褪色且色彩多样，其超强的仿石效果和仿古效果以及丰富多彩的质感越来越受到业主和设计师的青睐。

二、仿石漆施工工具与工艺

（一）施工工具

空压机、喷枪、喷嘴、橡胶管、毛刷、滚筒、铲刀、塑料布、板材、胶带、钉子。

（二）施工工艺

1. 墙体喷浆：①将墙面清理干净。②喷浆的前一天浇水湿润墙体，保证喷浆与墙体粘接牢固。③严格执行配合比，水泥：砂：水 =1：2：0.58。④喷浆材料要搅拌均匀，喷浆时的浆点要均匀，不得有流淌现象，喷射压力宜为 0.4~0.8MPa。喷枪与结构面的距离宜为 0.5~1.2m，喷枪与墙面的火角宜人于 45°。⑤喷浆浆料初凝后应采用喷雾器喷水养护，喷水程度应保持墙面完全湿润，从喷浆第二天开始进行喷水养护，每天喷水 2 至 3 次，干燥天气或者大风季节应增加养护次数，喷水养护时间不少于 72h，异常天气应根据实际情况适当延长养护时间。

2. 做灰饼：①用水泥砂浆做成 50mm 见方的灰饼；②灰饼厚度以满足墙面抹灰达到墙面平整度及垂直度要求为宜，灰饼间距一般不大于 1.5m；③上下灰饼用托线板找垂直，水平方向用靠尺板或拉通线找平，保证同一墙面上下及左右灰饼表面处在同一平面。

3. 挂钢丝网：①钢丝网规格为 0.5mm 304 不锈钢钢丝网，孔距 12.7mm×12.7mm。②钢丝网在抹灰前进行安装，用保温钉固定钢丝网，保温钉用胶粘剂固定在墙上，间距不宜大于 300mm，钢丝网搭接长度一般不小于

10mm。

4. 抹灰施工：①每层抹灰厚度不宜大于5mm。②各抹灰层之间及抹灰层之间必须粘接牢固，无脱层、空鼓，无裂缝、表面平整。

5. 抗裂砂浆施工：①抗裂砂浆总厚度控制在2~3mm。②抗裂砂浆总用量控制在3.5~4kg/m²。

6. 腻子施工：①根据现场情况墙面可以喷水湿润，以减缓腻子中的水分蒸发。②阴阳角线条安装：购买成品阴阳角线条安装可以提高阴阳角施工观感质量。③腻子类型为外墙防水腻子，每遍腻子的施工厚度控制在1mm左右，批刮顺序从左到右，从上到下。通常批刮2至3遍，总厚度控制在2~3mm，批刮不得留交接缝痕迹，阴阳角横平竖直。④搅拌好的腻子应该在2h内用完，温度低于5℃及高于35℃时不宜进行腻子批刮施工。施工完成后的墙面4h内避免雨水冲刷。⑤腻子表面用电动打磨机打磨平整，喷水养护2至3天。

7. 门窗边防护：仿石漆施工时，如果门窗未安装，可以不进行防护。若门窗已经安装，要用薄膜或者彩条布进行门窗防护，以防止仿石漆施工对门窗造成污染。

8. 底漆施工：①底漆涂刷时，腻子层需要干燥。正常情况下，夏天的温度腻子一般是1至2天干透，冬天腻子一般需要5天左右干透。②涂刷时漆膜厚度控制要均匀，边角处要涂刷到位，严禁底漆少涂漏涂，涂刷遍数为一遍。③涂料用量为0.3kg/m²。④大风、大雨、大雪、大雾天气停止施工。

9. 分隔线施工：①刷分格线涂料；②按设计要求分格弹线；③分格线要横平竖直、宽度一致，条宽15~20mm；

④沿弹好的分格线粘贴分色美纹纸。

10. 仿石漆施工：①选用仿石漆施工专用喷枪，喷漆两遍，时间间隔8h左右，第一遍用量在1.6kg/m²左右，总用量3.5~4kg/m²。厚度大约2~3mm。②喷嘴距离作业面40~80mm为宜。喷涂时下一枪压上一枪1/3的幅度范围，喷涂均匀。③同一面墙必须使用同一批次的涂料，以保证颜色一致。④施工前必须确保基层干燥，施工后12h不得淋雨，大风、大雨、大雪、大雾必须停止施工。

11. 分格线去除：①安排专人及时揭掉分格缝内的美纹纸，防止毛边，小心影响涂膜边角；②去除时应该先横向后竖向；③对局部损坏部位进行修复。

12. 仿石漆表面处理：待仿石漆完全干透后（一般晴天保持5天），用普通400~600目砂纸等工具轻轻打磨仿石漆表面鼓突沙粒，同时去除美纹纸可能带起的刺状体。

13. 罩面漆施工：①仿石漆表面打磨完成，完全干燥后方可进行罩面漆施工，罩面漆喷涂均匀，厚薄一致。②罩面漆喷涂2遍，每遍间隔2h。罩面漆用量0.2kg/m²左右。③施工前确保基层干燥，施工后12h不得淋雨，大风、大雨、大雾、大雪天气停止施工。

三、仿石漆配方

1. 仿石漆配方：仿石漆涂料配方有很多，大多用成品，也可以自己配制。以下介绍真石漆配方，仅供参考。纯丙乳酸30%，天然彩石砂60%，增稠剂5%，增缩剂3%，其他助剂2%，混合搅拌均匀。

2. 抗碱封闭底漆配方：纯丙乳酸

60%，水35%，防霉防腐剂2%，其他助剂3%，混合搅拌均匀。

3. 罩面漆配方：聚氨酯树脂60%，乙酸丁酯18%，二甲苯20%，抗紫外线剂2%，混合搅拌均匀。

四、监理要点

1. 墙面处理：墙面必须无裂纹、无孔洞、无凹陷、无油污、无空鼓、无泛碱、无盐析、无霉菌、无起砂、无掉粉、无污染。墙面必须无自来水管漏水痕迹。墙面应保持干燥，排除漏水点。腻子披刮前墙面含水率应低于80%，pH值不得高于10。干透的墙体抹灰层表面应为较均匀的灰白色。墙面抹灰层必须平整致密。用2m靠尺检查，偏差必须在正负3mm以内。墙面抹灰层平整度控制是仿石漆施工质量控制的关键环节，监理人员必须严格把关，没有到达平整度要求，不得进行下道工序。

2. 腻子披刮：要求采用仿石漆专用腻子。建议在脚手架上施工。腻子披刮至少两遍，前一道腻子干燥后方可披刮下一道腻子。注意接槎处的平整度。阴阳角处用专用线条，保证阴阳角横平竖直。腻子干燥后必须用专用机械或手工打磨平整光滑，腻子表面应坚固、无粉化、无空鼓、无裂纹。用2m靠尺检查平整度偏差必须在正负2mm以内。腻子批刮质量控制是仿石漆施工的重要节点，监理人员必须加强施工过程质量控制，保证施工质量达标。

3. 涂刷底漆：底漆质量必须合格，必须符合设计要求和现行国家标准规定。要求施工单位提供产品"三证"，经检验合格方可使用。底漆可加10%~15%洁净清水稀释。稀释后应充分搅拌均匀。

底漆可以刷、滚、喷。施工后表面应平整均匀、无流挂、无漏涂、无刷痕。底漆质量控制必须加强原材料进场检查验收，保证原材料质量。

4. 粘贴分格带：根据设计要求进行弹线分格，先确定水平、垂直方向基准线，然后依此基准线类推，确保分格线横平竖直。然后用美纹纸贴分格线，线宽 1~1.5cm。粘贴分格带，必须细心谨慎，保证质量，分格带粘贴质量好可以大大提高仿石漆施工观感质量。

5. 喷仿石漆：密切关注天气，下雨天和高温天气及严寒天气不得施工。施工时必须天气晴朗，基层温度高于 10℃ 以上，湿度小于 80%。冬雨期施工应有防雨保温措施，应采用吊篮施工，产品到货先试喷，颜色和效果与样板无明显差异再施工。同一墙面使用同一批施工人员，避免人为差异。每批材料应该分开堆放、分开施工，同一施工区域必须施工同一批次仿石漆，以免造成色差。

如果超过同一批次，一定要先打样板比对，色差不明显才可以大面积施工。仿石漆施工应该连续，同一施工区域应一次完工，避免出现新旧色差。喷涂施工应注意用彩条布和板材对门窗等不需要喷涂的部位进行保护。为了保证仿石漆质量，首先必须保证仿石漆涂料本身质量；其次施工人员必须有较高的技术水平。必须采用合格可靠的涂料，选择具有丰富施工经验的施工人员。用合适口径的喷枪喷涂仿石漆，口径越小喷涂越平整均匀，口径越大花点越大，凸凹感越强。依据设计要求的花纹大小、起伏感强弱调整喷枪大小出气量，喷涂次数根据颜色调整，喷涂 2 至 3 遍。待仿石漆干硬后（大约 72h 后），采用砂纸打磨毛刺及起砂突出部位。喷仿石漆施工监理人员必须加强现场旁站监理，对施工过程全程监督，保证施工质量和施工安全。

6. 喷涂防尘罩面漆：施工时必须待

仿石漆表面干燥后方可上罩面漆，施工时基层温度不低于 5℃，罩面漆不用加水稀释。喷涂均匀，注意门窗等不需要喷涂部位的保护，冬雨期应有保温防雨措施。

结语

由于瓷砖装饰外墙有脱落伤人的风险，很多城市禁止高层建筑外墙用瓷砖装饰，而普通涂料装饰效果一般，仿石漆由于具有美观、耐久、施工简便的优点，越来越多的业主选择仿石漆进行外墙装饰。此项施工技术值得推广，应用前景广阔。

参考文献

[1] 汪正荣.建筑施工分项施工工艺标准手册[M].2版.北京：中国建筑工业出版社，2004.

跨江桥梁工程水下施工的监理预控思路及经验总结

姚海波　　何晓波

江西中昌工程咨询监理有限公司

摘　要：本文依据公司近年来监理的几座跨江大桥如朝阳大桥、九龙湖过江大桥（建成后更名复兴大桥）、洪州大桥等项目水下施工的监理实践，对跨江桥梁水下施工重点措施项目的方案策划、预控思路、现场控制及经验教训等进行总结，给后续跨江桥梁工程的监理提供参考借鉴。

关键词：跨江大桥；水下施工；监理预控思路；经验总结

一、近年来公司监理的代表性跨江特大桥概况

（一）代表性跨江特大桥概况

1. 朝阳大桥跨江段工程概况

朝阳大桥的跨江主桥长度为1596m，分为通航孔桥和连接通航孔桥与东西侧接线工程的非通航孔桥。通航孔桥全长908m，六塔单索面斜拉桥，跨径布置为 [（79m+5m）×（150m+79m）]，主塔墩下部结构基础为14根 ϕ 2.5m钻孔灌注桩，主墩承台为六边形，顺桥向尺寸18.4m，横桥向尺寸31m。

2. 九龙湖过江大桥跨江段工程概况

九龙湖过江大桥过江段桥梁工程，主线长度1478m，跨江主桥为中承式系杆拱桥，桥梁跨径80m+268m+80m，全长428m，主墩下部结构基础为21根 ϕ 2.5m钻孔灌注桩，桩长37m，主拱为内倾6°的钢箱拱，矢跨比4.8：1。

3. 洪州大桥跨江段工程概况

洪州大桥跨江段长1590.14m，跨江主桥为钢混组合梁双塔自锚式悬索桥，跨径组合为50+120+252+120+50=592m，下部基础为10根 ϕ 2.5m钻孔灌注桩，主墩下部为双承台，承台尺寸为21.694m×16m。

（二）赣江南昌段地质情况

根据线路工程地质调查、钻探揭露情况，桥位处根据钻探揭露的勘探深度，场地地层上部为人工填土（Qml）、第四系全新统冲积层（Q4al），下部为第三系新余群（Exn）基岩（表1）。按其岩性及其工程特性，自上而下依次划分为①素填土、②粉质黏土、③细砂、④淤泥质粉土、⑤中砂、⑥粗砂、⑦砾砂、⑧圆砾、⑨粉砂质泥岩。

通过三座桥梁的监理实践，总结出赣江南昌段水下地质情况的特点如下：

1. 由于几座桥梁均在老城区附近，城市建设就地取材，航道附近的砂、卵石开采严重，主航道下淤泥和细砂层较浅可视为裸岩。栈桥靠近航道时，入土深度浅、稳定性较差。

2. 岩面标高靠航道处低、岸线处高，略有起伏。

3. 桥址河床的覆盖层内可能存在孤石、沉木、沉船等，在管桩、围堰施工过程中容易出现误判。

4. 赣江南昌段的岩层基本为泥质粉

砂岩，岩层的硬度不高，在局部地层内可能存在小范围的夹层，夹层的结构破碎，影响管桩稳定和水上桩基成孔。

（三）赣江南昌段水文情况

南昌市的跨江工程水文资料多采用外洲站水位，水利部门提供的赣江水位为水利系统高程，建设工程一般采用黄河高程，施工要注意两种高程体系的差值（表2）。

赣江南昌段的水文特点对工程的影响总结如下：

1. 由于赣江南昌段近年来的水位变化较大，最高水位上涨，为保证施工安全，栈桥的标高须相应提高，栈桥标高、钢管桩的立杆稳定性更差。

2. 由于赣江南昌段2015年的冬汛水位已达22.5m，在考虑围堰标高上应放弃已有的"冬季枯水"思维，提高围堰的冬季设防水位。

3. 赣江上游的水利枢纽（万安、峡江、丰城等水库水电站）逐步投入使用，其泄洪和蓄水等状态对南昌段赣江水位的影响较大，直接影响栈桥的设计高程和围堰设防高程。

二、栈桥施工监理预控思路及经验总结

栈桥作为临时施工设施是水下、水上工程施工的重要运输通道。钢栈桥在搭设过程中需要承受履带起重机施工荷载及半挂车运输钢管、型钢等荷载，使用过程中需承受钢筋、模板、混凝土、主桥钢构件等原材料及半成品运输车辆的行走荷载，承受大型履带起重机装重型构件的集中荷载（图1）。

（一）水上栈桥施工方案监理预控思路

1. 审查栈桥高程

大部分的栈桥水毁事故，多为汛期涨水，水流力和漂浮物冲击贝雷梁导致栈桥偏位、落梁甚至垮塌。监理在审核栈桥高程时，应重点审查贝雷梁的底部高程，按经验要求其略高于20年一遇的最高水位即可，标高过高，钢管桩的稳定性会降低。栈桥顶不设置纵横坡以减少履带和轮胎的水平冲击荷载。

2. 审查栈桥桥位

栈桥一般设置在桥梁施工的上游，防止船只撞击在建桥梁，破坏实体结构。

（a）钢管桩插打与贝雷片架设

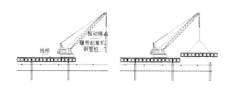

（b）吊臂吊重紧张时钢管桩插打与贝雷片架设

图1 栈桥钓鱼法施工示意图

主桥部分水下地质情况 /m　　表1

墩号	承台/系梁标高		淤泥		砂		强风化粉砂质泥岩		中风化粉砂质泥岩	
	顶标高	底标高	层顶标高	层厚	层顶标高	层厚	层顶标高	层厚	层顶标高	层厚
51号	15.216	12.216	14.8	3.9	10.9	1.6	9.3	1.5	7.8	19.5
52号	10.916	7.916	11.7	3.1	8.6	4.4	4.2	1	3.2	19.8
53号	9.54	6.54	9.4	0.5	8.9	4.5	4.4	1.8	2.6	19.8
54号	10.2	5.5	7.1	3.1	4	0.7	3.3	1.1	2.2	20
55号	8.8	3.8	6.5	1.2	5.3	3.2	2.1	1.1	1	19.9
56号	5.5	2.5	5.6	0.5	5.1	3.8	1.3	51.2	0.1	19.8

赣江主流逐月水位（黄海高程）特征值一览表 /m（2016—2020年）　　表2

站名	年月		1月	2月	3月	4月	5月	6月	7月	8月	9月	10月	11月	12月	最高水位	最低水位	平均水位
南昌（外洲站）	2016	最高	15.81	16.24	18.7	18.42	18.87	18.47	19.96	17.76	14.84	14.24	15.28	14.84	19.96	10.73	14.93
		最低	13.37	13.02	12.69	14.61	16.29	16.37	16.83	14.68	10.73	11.28	11.61	11.23			
	2017	最高	11.88	11.09	16.13	16.09	14	20.18	20.16	15.39	13.48	14.15	13.08	11.9	20.18	10.22	13.26
		最低	10.75	10.23	10.95	13.51	12.58	12.96	15.3	13.48	11.89	11.88	10.52	10.22			
	2018	最高	12.87	10.88	12.93	12.91	13.32	17.54	16.41	14.56	13.83	11.48	14.4	12.97	17.54	9.93	12.3
		最低	10.15	9.93	10.18	10.79	11.84	12.82	12.72	13.47	10.76	10.52	10.32	11.68			
	2019	最高	13.57	15.97	16.9	16.38	17.87	20.84	21.42	16.81	13.03	10.2	9.14	8.86	21.42	8.72	13.29
		最低	11.46	10.29	13.86	13.44	14.55	15.61	16.45	12.62	10.02	9.13	8.75	8.72			
	2020	最高	11.98	13.54	15.99	16.76	13.86	17.92	22.38	19.34	17.22	16.34	13.52	10.25	22.38	8.78	13.79
		最低	8.78	10.15	10.42	12.12	11.46	13.86	16.03	17.09	15.72	13.52	9.78	8.98			
最高水位			15.81	16.24	18.7	18.42	18.87	20.84	22.38	19.34	17.22	16.34	15.28	14.84			

注：桥位水位高程比外洲站高程高0.12~0.25m。

栈桥不仅是运输通道，部分吊装作业和天泵浇筑也会在栈桥上进行。所以，栈桥的桥位需综合考虑后期围堰的施工距离、吊机的吊装高度和距离、异形墩柱模板宽度、横梁张拉端的工作面等因素，原则上设置于在建桥梁上部结构轮廓线以外的上游。

3. 审查栈桥宽度

跨江桥梁的栈桥宽度通常选择6~8m。栈桥宽度的确定因素需充分考虑使用要求，如现浇方量大，吊装需求多可采取8m宽，上部预制梁、主墩体积小的桥梁可采取6m。

栈桥的设计宽度不完全用于通行，两侧需预留电力管道和栏杆的位置。在栈桥边还应加宽设计变压器平台、办公和休息平台，运输流量大、转弯半径小的位置增设会车平台。栈桥栏杆应设置雾灯和夜间LED轮廓灯。

4. 审查栈桥跨度和伸缩缝位置

栈桥跨度根据贝雷梁长度模数取3m的倍数，如6m、9m、12m、15m、18m等，确保贝雷梁立杆位于墩顶。跨度设计大，跨中弯矩、挠度和钢管桩支点竖向力大，采用钓鱼法施工时吊重和吊距加大，对吊装设备的要求更高。跨度设计小，施工进度慢、风荷载和水流荷载加大。

跨江桥梁栈桥的标准跨径原则上按12m或15m设置为宜。在覆盖层较浅的区域，钢管插打后自身稳定差时，可以设置6m跨，增加纵向平联，加强纵向稳定。

由于栈桥长度较长，必须考虑纵向温度变形，设置伸缩缝，两个伸缩缝之间为一联。伸缩缝太多整体性差，伸缩缝太少，一联长度大，船只撞击时损坏大，修复难度高，通常为3~8跨一联。

5. 栈桥桥台

要综合场地高程和与河滩之间的距离综合确定，桥台应单独设计，采用钢筋混凝土结构为宜。

6. 制动墩、锚固桩、防撞桩设施

制动墩设置于联与联的接头位置，一般采用板凳桩，制动墩的横梁应尽量采用双拼的大型钢，增大贝雷梁与横梁的接触范围，以满足伸缩缝的伸缩要求，避免温度收缩贝雷梁落梁。

锚固桩主要作用是承担栈桥车辆、水流和船只撞击等产生的水平力，一般设置在栈桥上游临近钢管桩位置，多采用钢管内钻孔、吊入钢筋笼、水下灌注，灌注高度通常考虑桩身混凝土入岩2m、钢管内高度2m，上部为空钢管。栈桥管桩入岩则可不考虑设置锚固桩。

在临近航道范围的上下游均应设置防撞系统，防撞桩一般3根一组布置自成体系，每组防撞桩的距离应结合水域内常用墩位船舶的最小外形尺寸来确定。同时，在栈桥的上下游范围内要设置禁航标。

7. 审查栈桥设计荷载和工况组合

栈桥设计荷载考虑因素：

1）100t履带起重机栈桥通行（100t履带起重机一般在平台上使用，栈桥上只能在墩顶吊装）。

2）挂120t（车辆重力标准值55t）在栈桥上通行。

3）12方混凝土罐车：自重31t+混凝土31t，总重62t。

4）栈桥上80t履带起重机的正吊20t和侧吊15t工况（履带起重机的侧吊工况必须计算两侧履带偏载工况，通常按2：8偏载验算）。

5）风载。风载需分别考虑栈桥的施工状态、运行状态和非工作状态，允许风力分别为：6级、8级和10级，相应风速分别为：13.8m/s、20.7m/s、29.6m/s。

当风力超过6级时，禁止栈桥自身施工；当风力超过8级时，禁止在栈桥上作业；当风力超过10级时，栈桥禁止通行。

6）水流力荷载。即钢管桩阻水荷载，水的流速很难超过3m/s，作用点可设置在水面以下1/3水深处。栈桥设计工况组合考虑因素见表3。

（二）代表性跨江特大桥栈桥重要参数的对比

1. 栈桥高程的对比

栈桥高程的确定是项目策划的一个重大事项，需要参建单位群策群力充分评估作出决策。栈桥高程设置过高将增加项目投资；高程设置过低，抵御洪水能力低，栈桥一旦冲毁，造成经济损失、工期延误，社会负面影响大。三座跨江大桥工程栈桥高程见表4。

朝阳大桥建成后，赣江出现过一次汛期提高了20年一遇水位标高，抬高了后续施工栈桥的标高取值。

2. 栈桥断面对比

栈桥宽度取决于栈桥的使用需求，如通行、吊装等，有时也与施工合同计价模式有关，公司监理的两座大桥采用清单计价模式，栈桥不另行计价，施工单位为节约成本把栈桥宽度压缩至6~7m宽。三座跨江大桥工程栈桥断面见表5。

3. 栈桥的桥跨布置对比

水上栈桥的桥跨布置要综合河床覆盖层的厚度、现有设备的吊重和吊距、工期要求和人员匹配的情况进行选择。栈桥稳定性受栈桥跨径、连续梁跨数、管桩锚固深度、制动墩的密度等因素影

响。三座跨江大桥工程栈桥跨度见表6。

4. 水上栈桥与桥梁轮廓线距离对比

栈桥与桥梁轮廓线的距离选择受桥梁的桥面宽度、承台横向尺寸、施工方法等因素影响。栈桥与主桥过近影响主体结构施工方案的选择和现场作业，过远则栈桥上的吊装作业将受到影响。所以应合理选择栈桥与主桥之间轴线的距离，同时也要结合实际情况布置栈桥的形式。公司收集了三座跨江大桥工程栈桥与桥梁轮廓线距离见表7。

5. 水上栈桥锚固桩设置的对比

为了抵抗水平荷载冲击设置锚固桩，锚固桩一般设置在栈桥上游与栈桥管桩相连，若栈桥管桩锤击进入岩层深度足够可不另设锚固桩（表8）。

（三）水上栈桥施工监理经验

1. 严格控制好管桩终锤标准。栈桥施工的关键在于管桩是否达到了设计的持力层，在栈桥开工之前要根据地勘报告，推算钢管桩位置的岩面标高、覆盖层厚度，做到心里有数。过江段河床内钢管桩要按照设计的要求锤击至岩层，采取标高和贯入度双控，同时观察振动锤的电流。

2. 关注钢管桩的底标高。钢管桩在岸滩附近插打时容易打到水利施工遗留的片石或混凝土块，出现此现象应对桩位开挖清理，然后再将管桩锤打到位。在江上插打钢管桩，同排钢管的底部高程差异较大时需及时摸清水下状况，如是否有孤石、沉船、沉木等情况，必要时应增加钢管桩，避免安全隐患。

3. 控制好管桩的质量。由于栈桥是临时结构，市场上多为非标钢管或者腐蚀严重的钢管，影响栈桥的安全性。

4. 裸岩位置应增设板凳桩，加强其

栈桥各状态下的计算工况 表3

设计状态	工况	荷载组合		
		恒载	基本可变荷载	其他可变荷载
工作状态	I	结构自重	公路 I 级荷载	工作状态下的水流力、风力
	II	结构自重	12 方罐车	
	III	结构自重	100t 履带起重机通过	
	IV	结构自重	100t 履带起重机正吊 20t	
	V	结构自重	100t 履带起重机侧吊 15t	
	VI	结构自重	158t 旋挖机通过	
非工作状态	VII	结构自重	—	非工作状态下的水流力、风力
栈桥施工状态	VIII	结构自重	100t 履带起重机打桩作业	施工状态下的水流力、风力

栈桥高程对比表（黄海标高） 表4

大桥名称	朝阳大桥	九龙湖大桥	洪州大桥
栈桥高程	23.6m	25.28m	25.9m

栈桥断面对比表 表5

大桥名称	朝阳大桥	九龙湖大桥	洪州大桥
栈桥宽度	8m	8m	8m
贝雷梁数量	8 片（4 组 ×2 片）	10 片（4 组，分别 3 片 +2 片 +2 片 +3 片）	8 片（4 组 ×2 片）
断面钢管桩	3 根 ϕ630mm × 10mm	3 根 ϕ630mm × 10mm	2 根 ϕ800mm × 10mm
优缺点	12m 跨径栈桥的常规做法：主塔、主梁挂篮、非通航孔，混凝土现浇工程量较大，栈桥使用频繁，栈桥宽度合适	15m 跨径栈桥：1. 设计过多考虑侧吊工况，贝雷梁采用了 3 片一组，后场拼装难度大；2. 东侧以预制梁为主，现浇和吊装的工作量小，栈桥宽度有富余	15m 跨径栈桥：1. 钢管桩少、稳定性差，须加大管径和采用打桩船将钢管入岩以增强稳定性；2. 现浇和吊装的工作量小，栈桥宽度略有富余

栈桥桥跨布置对比表 表6

大桥名称	朝阳大桥	九龙湖大桥	洪州大桥
桥跨布置形式	6m+12m+12m 一联	7×15m、3×15m 一联	5×15m 一联
管桩入岩情况	强风化岩面	强风化岩面	中风化岩面
施工设备	50t 履带起重机 90t 振动锤	80t 履带起重机 90t 振动锤	船上冲击锤
工效	2 跨 / 天	1 跨 / 天	1 跨 /2 天
优缺点	1. 结构简单、推进速度快；2. 跨度小对起重设备要求低；3. 设置 6m 跨的纵向平联，整体稳定性好	1. 进度较慢；2. 跨度大，50t 履带起重机线性曲线不满足要求	1. 进度慢；2. 用钢量小

稳定性。在河床覆盖层较浅的区域，适当减少栈桥跨径增强纵向稳定。

5. 船上打桩定位精度不如钓鱼法打桩。水上船只打桩定位的精度比钓鱼法打桩施工进度慢，跨径控制难度大，易出现贝雷梁立杆不在支撑点上，需另外

增设加强立杆来保证贝雷梁的安全性。

6. 重点检查管桩接长焊缝的质量。施工过程中应加强检查管桩接长焊接的质量，焊接不到位的严禁使用。周转材料的既有接头应重点检查，容易出现钢管桩在锤击过程中断桩的情况。

栈桥边线与桥梁边线距离对比表　表7

大桥名称	朝阳大桥	九龙湖大桥	洪州大桥
栈桥边线与桥梁投影线距离	0.53m	主墩外倾变宽5.6m 跨江引桥标准段10.5m	0m
优缺点	采用直线式栈桥：1. 栈桥与跨江段桥梁距离较近，栈桥上吊装作业方便；2. 节省了支栈桥的长度，工程造价更经济；3. 东侧匝道接非通航孔处，现浇支架需要跨越栈桥，施工难度大	采用直线式栈桥：1. 主栈桥与桥位远，支栈桥长度相应增加；2. 主栈桥上吊装作业难度大，经常需要增加临时吊装平台，不经济	采用折线栈桥：1. 栈桥边线与桥梁边线完全重合，便于栈桥与主桥之间的吊装作业，吊重好控制；2. 缩短了支栈桥和平台的用量，节省用钢量；3. 折线栈桥设计复杂，施工难度相对增加

栈桥锚固桩对比表　表8

大桥名称	朝阳大桥	九龙湖大桥	洪州大桥
锚固桩设置	栈桥上游逐跨设置一根锚固桩	栈桥上游间隔一跨设置一根锚固桩	管桩兼作锚固桩（管桩入中风化面）
优缺点	栈桥稳定，锚固桩费用高、施工单位利润大	钢管桩不入岩的栈桥比较合适	工程采用清单计价模式，为节约造价，未设置锚固桩。管桩入岩、打桩船为自有设备，经济性好

公司监理的三座跨径大桥的支栈桥参数表　表9

大桥名称	朝阳大桥	九龙湖大桥	洪州大桥
支栈桥宽度	8m	8m+12m	9m
贝雷梁数量	8片（4组×2片）	贝雷梁间距900mm	11片（4组×2片）
管桩	3根φ630mm×10mm	3根φ630mm×10mm	2根φ800mm×10mm
栈桥位置	16.9m	15.91m、14.99m	18.5m
跨径布置	6m+9m+6m	6m、7.5m、9m	6m+12m+15m+12m+6m

三、支栈桥施工方案监理预控思路及经验总结

（一）支栈桥施工方案预控思路

1. 审查支栈桥位置

支栈桥的位置应根据围堰大小、墩柱的外形投影位置等确定，主墩外形尺寸过大的应考虑设置双侧支栈桥。一般而言，支栈桥外边线距离围堰外边线控制在50cm以内，否则将给围堰施工带来不便，或者围堰尺寸需要调整。

2. 审查支栈桥宽度和长度

支栈桥的宽度应满足100t履带起重机、80t汽车起重机、混凝土泵车等正常的吊装、支腿作业，外加附属设施如栏杆、电力通道的宽度。

支栈桥垂直主栈桥，从上游向下游搭设。支栈桥的长度以满足围堰下游侧施工吊装为原则。

3. 审查支栈桥设计荷载和与主栈桥的连接

支栈桥设计荷载与主栈桥类似。支栈桥和主栈桥的贝雷梁无法连接，当桥面必须连续时，要重点审查该处的设计构造。

（二）支栈桥的施工监理经验和教训

1. 经验

1）注重支栈桥与主栈桥衔接处的构造。支栈桥与主栈桥衔接处应进行单独设计，支栈桥第一排管桩中心线应与栈桥边线重合，否则该处贝雷梁的立杆将无法定位到管桩横梁上。现场常出现管桩偏离主栈桥边线的情况，造成主栈桥和支栈桥衔接处存在悬挑情况，故在该处栈桥桥面系的固定件应加强设计。

2）要控制支栈桥末端的悬挑长度。应严格控制支栈桥贝雷梁末端的悬挑长度，临边末端区域常常作为渣土箱、泥浆箱等堆放位置，施工荷载较大，故应严格控制该处悬挑，方案设计时应进行考虑。

3）注重支栈桥设计参数和构造。支栈桥设置与主栈桥、钢围堰、上部结构模板、张拉工作面、后续吊装需求等环环相扣，有的桥梁需要在支栈桥上拼装挂篮、吊装超大型支座或拱肋，还要单独进行吊机吊装工况的补充计算。由于支栈桥上的作业设备的荷载一般较大，支栈桥的桥跨布置一般比主栈桥的跨径小，同时要考虑支栈桥的稳定性，一般会将支栈桥的平联加密（表9）。

2. 教训

1）忽视了支栈桥与围堰之间的距离控制。施工过程中忽视了支栈桥与围堰之间的距离，九龙湖大桥54号主墩围堰施工时，由于支栈桥与围堰距离较远，造成旋挖钻站在支栈桥上无法插入管桩内，增大了旋挖钻的型号才解决此问题。

2）支栈桥的设计要提前考虑后续方案。九龙湖过江大桥主拱的边跨拱肋，采取少支架施工，支栈桥的设计未考虑对少支架立杆的避让，后续施工时需切割贝雷梁。

四、锁扣钢管桩围堰施工方案监理预控思路和经验教训

关于锁扣钢管桩围堰的相关总结，是以九龙湖过江大桥为例，结合洪州大桥的施工方法综合对比分析，总结锁扣钢管桩围堰的施工方案的预控思路和实施过程中施工监理的经验教训。

（一）锁扣钢管桩围堰施工方案监理预控思路

1. 审查围堰形式

锁扣钢管桩围堰是在拉森钢板桩围堰基础上发明的，锁扣钢管桩围堰解决了拉森钢板桩刚度小的问题，且在采用辅助措施后可使其入岩，提升了锁扣钢管桩围堰的使用范围。围堰施工风险高，围堰形式要结合工程特点和围堰特点综合选择，宜选择施工单位擅长和常用的围堰形式，提升成功率（图2、图3）。

2. 审查围堰设防水位

围堰设防水位的考虑，要结合水下部分承台、墩柱的施工进度计划和施工期对应的历史水位综合考虑。一般控制性主墩的围堰标高可参照3年一遇的施工当期水位考虑，其他非关系线路墩围堰可选择低水位标高。

3. 审查围堰支撑系统和换撑工况

圆形围堰存在结构自稳的功能，故该种围堰往往属于免支撑围堰；方形围堰要设置对撑和斜撑，圆端形围堰一般只设置横撑。支撑设置应根据承台开挖和承台、墩柱的主体结构施工综合考虑，否则后续施工环节存在大量换撑作业。承台浇筑可综合换撑考虑，在承台与围堰间隙进行浇筑，达到支撑作用。

4. 审查围堰清淤和封底措施

围堰清淤顺序要结合围堰形式，围堰入岩隔断了地下水（锁扣钢管桩围堰），可以考虑抽干水后进行清淤。清淤作业可采用大功率空压机，选择气举反循环的方式作业；也可用吸泥泵清淤，总体来说气举反循环清淤方式效率较高。锁扣钢管桩围堰清淤后直接浇筑垫层，不需考虑抗浮封底。

5. 审查围堰渗漏封堵措施

围堰施工存在一定的渗漏，制定围堰方案时应考虑渗漏封堵措施。围堰渗漏的封堵方案多种多样，可采用在围堰外抛填砂＋木屑的方式进行堵漏，也可以在锁扣缝上进行打胶堵漏，还可以在围堰外请潜水员在水下塞棉花堵漏等。

（二）锁扣钢管桩围堰施工监理经验和教训

1. 经验

1）锁扣钢管桩进入中风化层的防水效果较好。锁扣钢管桩嵌入中风化岩层可隔断地下水，故不需要考虑围堰整体抗浮的工况；堰体中风化面，不考虑抗浮工况，其可靠性暂无法下结论，待经历丰水期后再予评价。采用此种方式应尽量将围堰尺寸设置增大，以便于围堰内承台、墩柱等施工作业。

2）结合工程特点选择合适的围堰形状。围堰的形状视承台和墩柱的形状而定。圆形结构的围堰有自稳能力，故可不设计支撑，仅增设围檩即可，对承台墩柱的施工干扰小。方形围堰则无此特性，需设支撑，施工过程中应考虑和验算换撑工况。

3）细化锁扣钢管桩的扩孔措施。采用钢管桩下部入岩浇筑水下桩基的方式，需采用旋挖机＋开花钻在管桩底扩孔，施工时需采用短进尺多次逐段跟进的方式。54号墩围堰施工过程中先采用旋挖机一次引孔到设计位置，后采用开花钻扩孔，无法全部扩孔到位，钢管桩只能跟进一小段（图4～图6）。

2. 教训

1）严格控制钢管桩的入岩深度。围堰钢管桩的底部必须进入风化层，强风化存在裂隙水，需要采取堵水和排水相结合的方式；中风化层隔断水的效果更好。但是，如果钢管桩未入岩，则围堰失败或返工的风险较大。

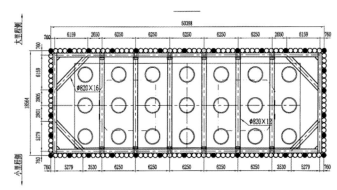

图2 九龙湖锁扣钢管桩围堰形状

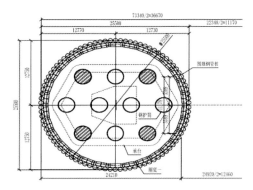

图3 洪州大桥锁扣围堰形状

图4 锁扣钢管扩孔

图5 锁扣钢管插打

图6 灌注管桩桩基混凝土

2）锁扣钢围堰的尺寸太小。九龙湖大桥施工单位进场时，根据合同总价下浮的计价优势，拟采用利润更高的双壁钢套箱，拟定的围堰较小。后考虑到双壁钢围堰施工风险大、工期长，改为锁扣钢围堰。锁扣钢围堰由于不需要考虑抗浮设计，比双壁钢围堰更容易漏水，尺寸设计上应该加大，便于后期堵水。

结语

水下施工难点在于水位不可控、水底情况难摸清、受到水上航道通行影响等，这些都影响了水上施工安全和进展，进而决定着跨江大桥项目能否按照既定目标完成。作为跨江大桥施工监理项目的监理人员应掌握好水上施工技术，不断完善和提高自身的技术水平。在水上施工方案决策阶段，做好项目的预控，降低项目的施工风险和成本。

参考文献

[1]《公路桥涵施工技术规范》JTG/T 3650—2020.
[2] 王穗平.桥梁构造与施工[M].北京：人民交通出版社，2007.
[3]《公路桥涵设计通用规范》JTG D60—2015.
[4] 周水兴，何兆益，邹毅松，等.路桥施工计算手册[M].北京：人民交通出版社，2001.

BIM技术在南昌地铁监理项目中的应用

彭　军　陈俊梅

江西中昌工程咨询监理有限公司

摘　要： 随着我国科学技术水平的提高，BIM技术成为当前建筑行业内比较火热的一门新型信息技术，给建筑行业内的各参与方都带来了新的机会。本文结合南昌地铁项目（1号线至4号线，总投资980亿元），阐述企业在监理过程中BIM技术应用的探索，深入地分析了在地铁项目中管线综合、支吊架深化及形象进度展示等应用点的实际应用情况，从而找寻适合监理企业应用BIM技术的工作方法与流程，迎合监理企业向全过程工程咨询服务转型的国家政策。

关键词： BIM；监理；地铁

一、监理企业 BIM 工作应用方法

目前国家大力推行 BIM 技术，未来建筑行业的发展向着信息化管理的方向迈进，作为建设工程不可缺少的参与单位，监理企业的目标应该向着项目管理、全过程咨询企业前进，才能符合大数据发展趋势。建设工程由业主单位主导，是使用 BIM 技术的最大受益者，但是业主单位的不专业性，使其不能成为 BIM 技术的主要推手。监理企业是业主委托对项目进行专业监督管理的企业，其最终目标与业主是一致的。监理企业是项目建设过程中全面参与的单位，其管理人员监理工程师具有很高的技术、管理、经济、相关法律等方面的专业知识，完全具备推广使用 BIM 技术的基础条件[1]。若监理企业应用 BIM 技术，项目

上的沟通很容易达成一致意见，从而提高建设项目的管理水平。所以监理企业推广 BIM 技术是顺应市场发展，也是向全过程咨询转型的重要依托。

（一）监理企业 BIM 工作挑战

监理企业习惯了传统的监理模式，在没有增加额外收入的情况下，对增加的信息化管理工作存在抗拒情绪，并且监理行业的人员大都呈现"老龄化"现象，很难接受一种新技术的应用，大多数都只是听过 BIM 这个概念，并没有深入的了解，若业主单位没有对使用 BIM 技术有明确要求，按照传统方式也能开展工作。就企业外部环境而言，行业内缺乏指导性的监理 BIM 标准以及监理 BIM 应用指南，使监理企业很难在实施 BIM 技术的项目中确定合适的定位；就企业内部管理而言，市场行业内应用 BIM 技术人都对电脑硬件要求比较高，

而且缺乏现场 BIM 技术人员，导致监理企业对 BIM 技术的资金投入得不到可观的经济回报，因此，监理企业在项目中大范围推广 BIM 技术还存在问题，综合考虑较为稳妥的办法是选择重点项目进行 BIM 应用试点，在试点过程中找寻最有利的工作模式[2]。

（二）监理企业 BIM 工作流程

监理企业工作的主要内容可总结为"三控三管一协调"，工程建设过程中需要监理企业全面参与监督管理。传统监理工作的重点多数放在施工准备及施工阶段，忽视了监理企业本能实行全过程咨询进行增值服务的其他阶段，住房和城乡建设部为加快推进全过程工程咨询，进一步完善工程建设组织模式，在 2020 年 4 月 27 日发布了《房屋建筑和市政基础设施建设项目全过程工程咨询服务技术标准（征求意见稿）》。为了更加凸显

BIM 技术在项目全生命周期的管控，监理企业应努力延伸本身的服务范围，使 BIM 技术在项目监督管理方面的优势充分发挥出来。这对监理在 BIM 技术条件下的工作流程提出了提高信息化管理程度的要求。基于 BIM 的建设工程监理全生命周期工作流程，其中包含监理应用 BIM 技术需要主控的项目以及增值项目，具体内容如图 1[3] 所示。

（三）监理企业 BIM 工作目标

作为监理企业，现场项目上的管理人员按照要求配备多个岗位，包括总监理工程师、总监理工程师代表、专业监理员、监理员等。若按照工作流程要在项目上应用 BIM 技术解决实际问题，那需要对现场技术人员进行 BIM 技能培训，实现"总监及以上管模、审模、看模，总代及以下核模、用模、建模"的目标，企业内部针对不同的岗位完成不同的 BIM 应用工作，充分利用本身的专业知识结合 BIM 技术为业主提供更加优质的咨询服务，以及利用 BIM 信息化技术控制在建项目的施工质量。

有了以上人员的技术基础后，监理企业可以在合同谈判时建议业主新增 BIM 内容，可担任起 BIM 咨询主体的工作，这样可使业主花费更少的成本达到同样的效果，例如监理企业在过程中对设计模型、施工模型与竣工模型出具 BIM 审查报告等。若是全过程咨询的项目，则在现场实行"三控三管一协调"工作的同时，在项目全生命周期提供包括设计阶段 BIM 应用、施工阶段 BIM 应用、运营阶段 BIM 应用等在内的 BIM 咨询服务。

二、监理企业 BIM 工作应用案例

（一）地铁管线图纸审查及综合优化

地铁项目虽然体量小，但是结构复杂，涉及的系统专业复杂多样，各单位需要花很多时间处理图纸，通过 BIM 技术可以直观地通过观察三维模型来检查图纸错误从而减少施工阶段的返工。根据以往项目总结，建模人员在模型搭建的过程中，对设计图纸展开全面、准确的检查，形成相关问题报告并反馈给设计方，设计方再在此问题报告意见的基础上对图纸进行修改。获得高质量的图纸后，进行管线综合优化。地铁机电系统众多，风水电大小系统集中起来有几十种之多，各管线之间相互穿插，分布错综复杂，对于复杂位置要在一定净高的范围内，让管线在满足相关要求及规范条件下进行重新排布，期间需要考虑到施工空间、维修空间、支吊架安装空间等问题。利用 BIM 可视化直观明了，并且在 BIM 模型中对这些情况预留出足够的空间，结合其他辅助手段进行多方

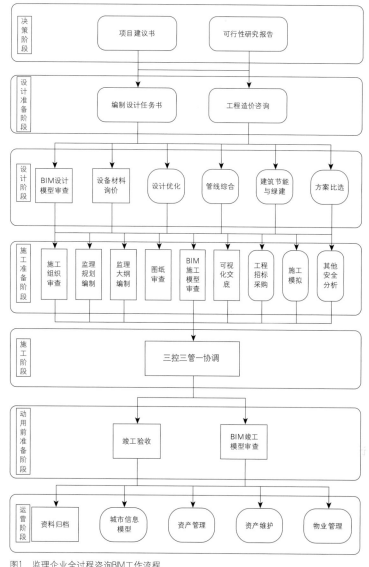

图1 监理企业全过程咨询BIM工作流程

案对比，选出最优方案，经多方确定后直接实现对模型的虚拟三维化向实体二维化的转换，从而达到指导施工的目的。

学府大道站为南昌地铁 2 号线车站，本站为地下二层岛式车站，采用明挖顺作法施工。车站总建筑面积为 15132m²，其中主体建筑面积为 2353m²。

将图纸问题总结为三类：第一类是建模过程中因建模师建模不正确导致的问题；第二类是完全按照图纸建模产生的问题，此类问题有空间可以水平移动自己解决；第三类是方案图纸本身的问题，此类问题涉及设计人员的设计思路或者设计规范，需要和设计人员进行反馈协商。针对第一、第二类问题，直接与设计人员网上协商沟通，针对第三类问题，需要做出相应的碰撞报告作为双方的交接材料。本项目中，双方用于交接的 7 份碰撞报告，前期的碰撞报告中第三类碰撞将近有 10 处，随着双方的不断反馈协商，图纸中的第三类碰撞呈递减的态势，前后 7 份碰撞报告也有着将近 20 处的第三类碰撞。

站厅层环控机房的冷冻供水管集中在 7 轴右端，不仅产生多处碰撞，而且对施工造成很大的阻碍，没有操作空间，将该处的冷冻供水管改变路径移至 7 轴左端，对于在环控机房内的压力管来说，只需留有过人空间且便于施工即可，这样不仅避免了设计图纸的多处碰撞，而且还可以使冷冻供水管与冷冻回水管在同一标高，便于施工安装支吊架且减少支吊架种类。

（二）地铁综合支吊架深化

基于 BIM 技术的支吊架深化需要在完成管线综合的基础上进行，综合支吊架相较于普通支吊架不仅减少了支吊架的数量，而且使管线走线更清晰明朗，观感、质量均大大提高。利用 BIM 技术中的共享参数，达到 BIM 模型完成后直接出具图纸的目标，安装效果良好可靠，避免了传统支吊架实施过程中造成的浪费。

学府大道东站在支吊架优化方面的应用效果显著：支吊架厂商提供的原始支吊架图纸中的 18 种支吊架类型无法满足放置现有管综模型上的管线，经过沟通，从最开始的 18 种类型增至最终版的 25 种类型，且每种型号的支吊架上管线的位置和标高相较于最原始的支吊架图纸都发生了变化。

BIS-ZT-13 号支吊架不仅改变了横担上管线的位置，而且改变了横担的数量。优化后的支吊架相对于左边支吊架更低，是因为学府大道东站的综合支吊架的设计人员通常根据工点设计院提供的管综图纸剖面图来设计支吊架，但该处位置没有剖面图，导致支吊架设计人员不知道该处有一根下翻梁，所有管线标高均偏高。同样位置左边第一根横担上的 FAS 弱电桥架移至第三根横担，原因是原本的管综设计图纸就是两根弱电桥架分布在一排，本来无碰撞的桥架被支吊架设计人员改动后走不通了。综合支吊架设计人员不熟悉学府大道站管线，导致没有剖面图产生了错误的设计。利用 BIM 技术可以有效解决上述问题，将优化后模型与原综合支吊架图纸进行复核，立即就能发现问题，及时告知设计人员根据模型重新设计综合支吊架图纸。

（三）地铁形象进度及进度款批复

监理在传统工作方式中往往会受人为因素和环境因素的制约，对工程进度产生不利的影响，造成实际进度跟不上计划进度。因此，实时掌握项目的实际进展情况是监理人员必不可少的工作，并与计划进度进行比较分析，查找原因进行纠偏，避免产生错误，影响工期。针对此类问题，可以利用 BIM 技术将每周的计划进度与本周完成的实际进度关联至模型，使其产生一种显而易见的对比。基于此种表达方式，各参与方就能准确地分析出问题的症结所在 [4]。在可视化的建筑物模型中将空间信息、时间信息、几何信息、物理信息等进行关联，就是基于 BIM 技术的进度控制。监理可以清晰地了解各个里程碑事件中是否符合所列的进度计划、场地布置是否符合安全文明施工建设等条件。监理单位在进行进度把控的时候，把横道图的时间信息与模型图元进行关联，不易遗漏一些细节问题。

青山路口站为南昌地铁 2、3 号线换乘车站，两线为"T"形换乘形式。本站 2 号线为地下二层岛式车站，3 号线为地下三层岛式车站。车站总建筑面积为 41243.654m²，其中 2 号线主体建筑面积为 13924.16m²，附属建筑面积为 1789.68m²；3 号线主体建筑面积为 23747.834m²，附属建筑面积为 1781.98m²。

南昌地铁青山路口站监理项目在开监理例会时将场地现状 1：1 反映在模型中，会议过程中直接针对模型进行讨论，更新模型中原进度计划的过程性信息，为工期索赔提供支撑数据。

对于具体的区域可以灵活使用剖切框剖切，随意查看需要了解的区域。在该项目中，第四段完成中板浇筑，中板上第三道混凝土支撑割除；第五段完成中板浇筑，第三道混凝土支撑切割一部分；第六段还没开始浇筑中板，所以混凝土支撑没有拆除。当天的形象进度如图 2 所示,直接定位到四五六段模型,清晰地展示出现场实际进度,不仅现场人员能方便使用,而且对于向更高层级领导汇报也有很大的帮助。

每周开一次监理协调例会,在此过程中积累每次会议的进度模型,在这些基础模型上可以快速统计出每周、每月及每季度的实际进度,再以混凝土总工程量为基准,计算每周完成的量占混凝土总工程量的比例,以此推算完成进度,基于以上的工作模式和数据就可以对进度款支付有个大致的量化比例。在统计进度工程量时直接隔离出该阶段完成的构件,利用 dynamo 编程软件直接框选进度工程量,软件可直接显示出选中构件的工程量以及所占比例,如图 3 所示为工程量自动统计编程图。

基于 BIM 技术的形象进度管理可以有效地解决项目中因二维图纸表现不清晰产生的问题,项目管理人员对二维图纸理解程度因人而异,有时口头叙述或者文字表达很难描述清楚,然而根据模型进行形象进度展示产生的效果就不同,参照模型进行描述,可以将项目的三维立体形象印在脑中,一目了然获得项目的进度,在了解项目进度的同时得到进度工程量,依照上述方式在展示形象进度和进度款时就有了数据支撑,加快监理例会的决策效率以及进度款的审核速度。

结语

随着社会的发展,因市场的自我调控而带来的竞争压力,促使越来越多的企业进行新业务的拓展以及转型。现在

是网络和信息大爆发的时代,如果监理忽视了信息技术的应用,没有将所负责的工程信息进行信息共享和信息储存,就无法快速处理和传递工程质量信息,不能跟上大数据的发展,慢慢地就会变得没有竞争力,甚至被社会所淘汰,加之目前工程参与方之间缺乏信息交互与沟通,导致大量实时动态的工程数据采集困难,工作量大且重复。监理企业选择合适的项目进行 BIM 技术应用试点,不仅可以培养具有 BIM 应用能力的现场复合型人才,而且可以彰显企业本身的技术创新能力,具有更多的谈判筹码与新业务拓展的可能。监理企业借助 BIM 技术进行转型是一个很好的方向,借助

BIM 技术的信息属性成为一家项目信息化管理水平高的企业,并且向全过程咨询转型,走在咨询行业的前列,对企业有莫大的好处。

参考文献

[1] 程建华,王辉.项目管理中 BIM 技术的应用与推广 [J].施工技术,2012,41(16):18-21,60.
[2] 严事鸿,刘安鹏,刘鸣.监理在应用 BIM 技术过程中所面临的机遇和挑战 [J].建设监理,2019(10):10-14.
[3] 严事鸿,赵春雷,郑刚俊.基于 BIM 的建设工程监理模式的研究 [J].建设监理,2015(11):13-17.
[4] 高健.工程监理企业 BIM 技术应用研究 [J].建设监理,2015(10):5-9.

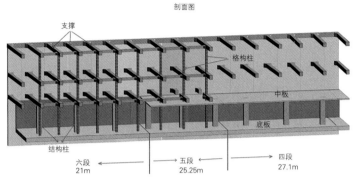

图2　周进度剖面图

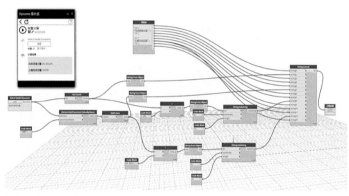

图3　工程量自动统计编程图

引江济淮工程第三方安全巡查监督服务实践与思考

任海军

长江科学院监理公司

摘　要：本文结合引江济淮工程第三方安全巡查监督服务的实践成效，探索第三方安全巡查服务模式，笔者认为第三方安全巡查监督服务的工作重点是规范各参建方安全管理行为、促进被巡查单位安全责任制落实、提高现场施工作业人员安全生产意识、规避各参建方安全生产法律责任；文中针对巡查过程中存在的问题提出建议。实践证明，第三方安全巡查服务对工程建设安全生产系统性管理、预防性管理起到重要促进作用，专业人做专业事，既可弥补建设单位专业技术力量稀缺又可大大减少人力物力投入，希望本文可为今后同类工程建设采购第三方服务提供参考。

关键词：引江济淮；第三方安全巡查；监督服务

引言

引江济淮工程作为国家 172 项节水供水重大水利工程之一，被称为安徽的"南水北调"工程，是一项以城乡供水和发展江淮航运为主，结合灌溉补水和改善巢湖及淮河水生态环境为主要任务的大型跨流域调水工程。工程自南向北分为引江济巢、江淮沟通、江水北送三段，全长723km，总投资 912.71 亿元。其中，江淮沟通段输水河道自巢湖西北部派河口起，沿派河经肥西县城关上派镇，在肥西县大柏店附近穿越江淮分水岭，沿天河、东淝河上游河道入瓦埠湖，由东淝河下游河道，经东淝闸后入淮河，全长155.1km。江淮沟通段河道输水流量：起点派河口 295m³/s、蜀山泵站枢纽提水流量 290m³/s、入瓦埠湖 280m³/s。主要工程包括：输水渠道及航道开挖工程、堤防填筑工程、渠道及堤防边坡护坡工程、提水泵站枢纽工程（包括船闸）、跨河建筑物工程（包括淠河总干渠渡槽和交通桥梁）、渠系交叉建筑物工程、瓦埠湖周边影响处理工程、大型枢纽鱼道工程、锚地及服务区工程、航运配套工程以及工程监测等。安全巡查点多、线路长、工作面广，涉及建筑行业多、专业复杂，涉及参建单位多、安全管理水平参差不齐。

工程建设开工后，安徽省引江济淮集团公司积极探索利用社会第三方服务参与工程质量、安全等专业巡查监管，有效地提高了工程建设质量、安全管理效率，大大促进了工程建设质量、安全管理成效。

一、安全巡查工作重点

（一）建立安全巡查服务体系

第三方安全巡查进场后，首要任务应是选派经验丰富、沟通能力强、身体素质良好并长期在水利工程建设一线担任重要项目管理职务的项目经理或总监作为安全巡查负责人，选派安全生产管理经验丰富的注册安全工程师作为安全巡查员，组建巡查机构。在巡查过程中，可以针对具体安全生产技术重难点选派专业技术突出、业内有名的专家参与安全巡查。巡查机构组建后，应积极与建设单位、监理单位、施工单位相互沟通，在巡查过程中相互配合、相互促进，逐渐形成系统的安全巡查服务体系。

第三方安全巡查是受建设单位委

托，代表建设单位开展部分安全生产管理工作，在开展安全巡查工作过程中，应坚守安全生产"红线""底线"意识，坚持"安全第一、预防为主、综合治理"的方针，严格监督各参建单位的责任主体进一步落实，织密安全生产管理网络体系；以危险性较大单项工程为巡查重点，以安全生产管理存在的问题为导向，推动安全生产标准化工作，保障工程建设安全、现场设备安全、全员作业安全。在引江济淮工程安全巡查工作中，根据现场安全生产特点和安全生产管理需要，第三方安全巡查组与建设单位联合建立了"四不两直"，即不发通知、不打招呼、不听汇报、不用陪同接待，直奔基层、直插现场的安全巡查工作机制，让安全生产问题直接暴露在巡查专家的眼前；建立了安全隐患问题分类体系，系统梳理施工作业过程中的常见安全隐患清单，针对施工现场作业内容有计划开展安全隐患专项排查；建立了安全隐患闭合管理体系，巡查专家每次检查后直接在现场进行问题反馈，指出问题的症结，要求施工单位和监理单位立即组织整改，每个隐患整改后要求监理组织验收，再报巡查人员复查、建设单位备案；建立了安全巡查组织体系，由建设单位牵头组织，安全巡查单位派遣巡查专家，监理单位和施工单位安全管理人员参加，组建安全检查小组，按照安全巡查计划开展安全检查工作。

（二）规范参建单位安全管理行为

安全生产巡查的目的是通过安全专家对工程建设过程中安全生产状况现场把脉，发现安全生产管理行为存在的不足，指出安全生产管理制度存在的缺陷，经过不断纠偏和完善安全生产管理过程中存在的问题，提升安全生产管理水平，

规范安全生产管理行为。在安全巡查过程中，为了更好地推进安全生产管理工作，第三方安全巡查组与建设单位一起探索出一些有效的安全管理方式。比如示范性检查，由建设单位组织，抽调安全巡查专家和施工、监理单位安全管理人员，针对问题突出的标段或专项安全管理要求，选择几家具体标段，进行示范性检查，一方面可以集思广益、集中不同管理理念，充分发现生产过程中存在的安全隐患问题，另一方面可以通过示范检查，集中培训安全管理人员针对问题应具备掌握的安全生产管理知识和方法。比如树立和宣传巡查过程中发现的安全管理亮点，引领全线各标段安全生产管理比优赶超、取长补短，安全巡查组每月将检查过程中发现的安全生产管理亮点汇总，在安全生产例会上进行通报，建设单位每年度评选安全生产十大亮点并进行奖励。比如开展安全生产标准化管理，在合同签订时即明确安全生产标准化要求，并编制安全标准化指南、统一现场安全生产标准；开展安全生产标准化达标创建，通过施工单位和项目法人安全标准化一级达标创建，不断完善安全生产管理组织体系、制度体系、检查体系、保障体系。

（三）突出重点、严抓落实

安全生产巡查工作应突出重点，每年要有工作目标，每月要有工作重点，日常巡查要按照安全巡查任务有计划、有目的、有重点地开展相关巡查工作，结合建设单位一定时间内重要安全生产文件精神进行。比如重大节假日前后，针对现场施工作业的综合性检查；每年春夏汛期之前，针对现场防洪度汛措施方案落实情况、汛期施工安全薄弱点进行专项检查；每月安全例会后，针对相

关安全生产管理部署工作开展的专项安全检查。安全生产工作重在严抓落实，安全巡查主要是发现安全隐患问题，要落实安全隐患问题整改情况，还需要施工单位的自觉、监理单位的监督。安全问题整改不隔夜，任何安全问题发现后都应该在第一时间内组织人员进行立即整改，随后开展问题出现的原因分析和防范措施制定，完善项目管理自身制度缺陷。项目负责人应坚持对安全工作的支持力度，对安全问题的零容忍，对安全工作严格重视，反过来是对自己的保护；专业安全管理人员思想意识中要有安全管理的红线、底线，不能触碰，也不容许他人触碰，对安全问题整改过程要跟踪、主动管理。

（四）加强交流，促进安全管理经验共享

安全巡查工作应致力于对各工程标段参建单位安全生产管理工作的指导。一是充分利用安全巡查技术交底、技术培训，为各参建单位提供安全管理咨询，开展安全生产管理工作技术支持。二是积极参与各参建单位组织的方案评审和论证，在方案设计过程中预防安全隐患问题。三是积极参与各参建单位组织的应急演练、观摩学习，通过借鉴先进的管理方法，不断完善安全巡查工作方式方法。四是组织各专业方面专家人员，参与安全巡查工作，从不同角度提出生产管理中的安全隐患问题。

安全巡查工作也可以通过各种宣传方式，加强安全宣传、强化安全认知、提高安全意识，转变安全管理人员和作业人员思想观念——从要我安全到我要安全。一是通过媒体、网络、社交平台等各种信息渠道，获取安全生产相关信息，转发、宣传、践行相关安全生产政

策、文件、活动，推动各参建单位开展各项宣传活动。二是提议各参建单位开展各种形式"安全月"活动，以吸引广大作业人员参与，寓教于乐。三是邀请各参建单位参加安全巡查工作，从巡查过程中查找自身不足，学习其他标段的长处，丰富自身安全工作管理方式。各参建单位在安全生产管理工作中均有自身优势领域，安全巡查组努力促成各单位互相学习、相互促进、取长补短的交叉检查或学习工作。

二、第三方安全巡查监督服务的成效

按照合同约定，引江济淮工程江淮沟通段第三方安全巡查主要工作方式以定期巡查、不定期安全检查、日常安全检查为主。定期巡查是在项目法人的组织下成立巡查组，对工程现场开展有针对性的安全检查，从专业角度排查现场安全生产隐患，对参建单位安全生产内业资料进行检查，并提出整改意见；不定期安全检查是安排专人协助项目法人实施不定期的专项安全检查或上级主管部门检查考核前的检查和准备工作；日常安全检查是巡查组安排常驻人员在定期巡查和不定期巡查之外时间段，开展的重点部位安全日常检查和安全隐患整改情况复核检查。

开工建设以来，安全巡查组共计发现安全隐患4225处，复查整改率97.6%以上，较大以上安全隐患1235处，整改率100%，消除了大量安全风险，为工程安全施工保驾护航。其中安全隐患主要分布类型如图1所示。

数据分析可得，引江济淮工程江淮沟通段现场安全隐患主要涉及现场布置及文明施工、安全警示标识、设备安全管理、安全防护设施管理、施工用电管理、脚手架模板支撑体系、防洪度汛、施工现场交通安全、消防安全管理、易燃易爆品管理、高边坡深基坑作业、高处作业、起重吊装作业、焊接与切割作业、交叉作业、水上作业、有限空间作业等方面，其中安全隐患出现频次较高

的类型有安全防护设施管理（19.23%）、施工用电管理（17.84%）、脚手架模板支撑体系（9.15%）、消防安全管理（8.98%）、易燃易爆品管理（8.02%）。施工内业管理安全隐患主要涉及目标责任管理、安全生产管理机构及职责、安全生产管理制度、安全教育培训、安全档案管理、危险源管理、安全生产费用及保险管理、安全技术管理、应急准备等方面，其中安全隐患出现频次较高的类型有安全档案管理（21.82%）、目标责任管理（15.81%）、安全教育培训（15.23%）、安全技术管理（8.64%）、应急准备（8.35%）（图2）。

通过安全巡查，有效地规范了施工单位和监理单位日常安全生产管理的行为，提高了现场施工作业人员的安全生产意识，做到有无检查一个样，大大降低了一些习惯性的违章作业、违规指挥；有效地促进了施工单位和监理单位的安全生产管理体系正常运行，做到现场施工安全工作有人计划、安全隐患有人落实、安全费用有人支持、安全效果有人

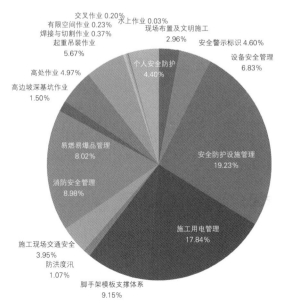

图1 引江济淮工程江淮沟通段现场安全隐患分类占比

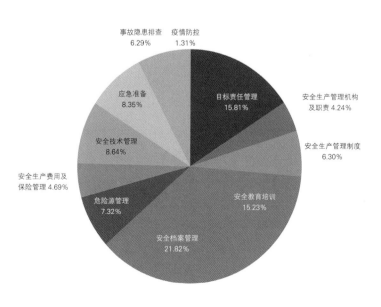

图2 引江济淮工程江淮沟通段安全管理内业资料问题分类占比

评价；有效地防范了工程建设过程中较大以上安全隐患的长期暴露，做到重点部位、关键工序中的安全隐患有人检查、有人负责、有人落实；有效地降低了施工现场安全生产过程中的安全隐患重复出现率，全面提高了现场安全生产管理水平。目前，工程建设已进入收尾验收阶段，在工程建设 5 年过程中，各项安全生产工作有序开展，各类安全生产管理亮点层出不穷，各级安全生产稽查评价高度认可。

三、第三方安全巡查监督服务中存在的问题及建议

（一）第三方安全巡查监督服务费用确定缺乏计费标准

目前针对第三方安全巡查监督服务如何计费，还没有法律法规或计费标准可依，采购方常用的方法是按照估计拟派人工数量和工资水平进行成本测算，再加上企业管理费用，最终确定取费标准，总价包干招标。这种取费标准的确定很大程度上取决于采购方对第三方安全巡查监督服务质量的期望值，往往会因采购方主管领导的意志而调整。但是在实际巡查监督服务过程中，采购方在建项目数量和每个项目所需巡查部位、内容要求都是动态变化的，所需要投入的巡查人数及专业也是动态变化的，这对于后期巡查单位人员派遣和成本预算造成很大的不确定性。随着合同履约，如出现第三方安全巡查服务供应企业认为此项业务无利润或者是亏损，势必造

成后续服务质量下降，给采购方和行业发展也会造成负面影响。

第三方安全巡查监督服务应该是提供专业、高质量、高智商的专家级服务，是指导和帮助采购方提高安全管理水平的导师级服务，其取费标准应参考地区或行业专家咨询服务标准。采购方应充分认识到服务质量与服务费用的对等性，不能一味地压低服务报酬，增加服务内容。

（二）第三方安全巡查监督服务缺少工作标准、规范

目前各类第三方安全巡查服务还处于起步阶段，服务范围小、服务要求差异性大，再加上市场参与企业鱼龙混杂，采用的工作方式、工作制度和工作流程等也各不相同，很多工作习惯都是在与服务采购方磨合过程中不断调整而形成的。从行业角度还未出现相应标准、规范来约束第三方安全巡查服务工作质量。

第三方安全巡查监督服务应有别于当前施工监理，不能随着市场发展演变成下一个监理行业，第三方安全巡查应提高自身的政治站位，应站在行业发展前沿和政府监督职能的角度开展相关监督服务工作，应多从安全生产国家政策执行、宏观管控上开展相关巡查工作，旨在提高全行业的安全生产法律意识、安全生产管理水平。第三方安全巡查服务供应企业可以积极总结自己的工作，形成一套可行的工作流程、制度规定等，有条件的可以申报将其推广为社会通用的标准。

结语

第三方安全巡查服务是当前监理行业转型升级过程中产生的新事物，在全国各个试点城市都取得了很好的推广，同时也得到了政府部门和业主的肯定。为了使这个新事物能得到持续健康发展，同时打造一支高素质、专业技术过硬的巡查队伍，监理行业自身应规范化、标准化巡查工作模式和工作内容，推广第三方安全巡查监督服务实施；同时也应呼吁政府主管部门制定有关巡查服务取费标准，保障巡查服务供应企业合理的利润和巡查人员合理的权益。第三方安全巡查服务是为服务采购方提供咨询服务的，是引进专业的人做专业的事，以弥补服务采购方在专业技术上的不足，而不是安全主体责任的转嫁者、承担方，不能以一出事就认为巡查不到位，要追究巡查责任。第三方安全巡查服务不是万能的，也不是无用的，应科学准确定位。

同时，安全巡查单位也应提高自身的服务质量，重点考虑以下几个方面的工作：一是如何尽快形成系统的安全巡查服务体系，将各参建方纳入体系建设，让发现的问题有人整改、有人检查、有人监督；二是如何体现出安全巡查是在帮助各参建单位共同提高安全生产管理水平，而不是查问题、刁难大家；三是如何展示安全巡查单位的专业技术优势，增加安全巡查服务附加值，让建设单位觉得物有所值。

浅析监理向全过程咨询服务转型的现状及应对措施

石洪金　　江丽丽

盐城市工程建设监理中心有限公司

摘　要： 随着我国社会经济体制改革的不断发展和更新，传统监理企业的模式已经跟不上时代飞速发展的步伐。2017年国务院发文明确提出"培育全过程工程咨询"，全过程工程咨询已成为工程监理行业转型升级的必然趋势。因此政府投资的建设项目开始先行先试，在建设工程项目中全部或部分采用了全过程工程咨询的服务模式，作出了有益探索。本文将对全过程咨询的内涵、监理企业转型现状及优势展开讨论，并简单分析应对的实操措施。

关键词： 全过程咨询；传统监理；转型升级；应对措施

引言

工程项目全过程咨询相对于传统的工程咨询而言具有全过程性的特点，涵盖了工程项目的全生命周期。全过程工程咨询服务的开展，能够帮助工程项目建设单位全面深入分析工程不同阶段的风险要点，并给出有针对性的预防措施，保障工程项目顺利实施，提高建设单位的整体管理水平。

一、工程项目全过程咨询的内涵

工程项目全过程咨询是指对建设工程项目在前期决策、实施、竣工、运维等各阶段实施的全过程咨询服务活动，以保障工程项目顺利完工且实现收益最大化目标。工程项目全过程咨询工作包含了工程项目决策阶段的编制项目建议书、可行性研究报告、相关评估等内容，实施阶段的勘察设计、招标采购、造价管理、项目管理、工程监理、竣工验收等咨询内容。工程项目全过程咨询服务企业与建设单位、施工总承包、各平行分包单位之间存在合同关系或管理关系，对工程前期准备、实施、竣工等全过程实施咨询服务。

二、监理转型全过程工程咨询服务的现状及优势分析

1.当前转型后的监理企业发展现状缺乏系统性，主要体现在开展咨询管理工作过程中，针对不同阶段、不同专业或不同类型的咨询项目缺乏有效统筹、衔接，导致咨询服务出现碎片化，缺乏信息共享和互通，降低了全过程咨询服务的效率和质量。

2.传统监理企业的业务范围属于全过程工程咨询服务内容中的一部分，此特征成为监理企业成功转型升级为全过程工程咨询的基础性优势。

3.从大环境来说，传统监理企业经过多年在建筑市场的深耕，在建设工程服务行业内及其所在地域内，已经累积了数量可观的潜在客户和业界口碑，这为后续赢得服务单位认可，承接全过程咨询服务相关项目奠定了基础优势。

4.从企业本身来说，传统监理企业在公司管理组织构架的组建、决策层管理思维、实操人员技术能力，以及配套的硬件设备和软实力等方面都能为监理企业转型升级为全过程咨询服务单位提供材高知深的优势。

5.传统监理企业在转型升级的过程中，亟须重视利用本身原有的竞争环境、

口碑、技术人才和硬件设备等优势，在上述现状和优势的前提下，认真梳理总结主管部门、市场发展形势等对企业转型升级的需求，依据需求合理、稳定、平顺地做出应对措施，最后实现成功转型。

三、传统监理企业成功转型的应对措施

传统监理企业转型升级到全过程咨询服务企业，已成为目前诸多同行企业的生存发展之策，以下针对监理企业转型存在的问题，简单分析升级转型的应对实操措施。

（一）组建公司层面的全过程咨询管理机构

组建并调整不同于传统监理服务，且以适合全过程咨询服务为重心的企业组织管理架构。制定全过程服务发展的纲领性方针策略，对全过程咨询项目业务的经营、管理、实施进行全面统筹管理。

（二）通过市场经营争取全过程咨询业务是首要条件

1. 转变经营理念。根据全过程咨询发展以及目前区域内本行业市场发展趋势，调整现有的传统监理经营体系、理念，制定企业转型升级的具体经营措施。

2. 跟踪潜在业务项目信息。通过可能获取项目信息的相关单位，了解区域内可跟踪的项目进展情况，并以免费提供相关前期技术、咨询服务为切入点，争取逐步介入项目决策阶段的实际工作，具备充分了解业主的项目建设意图的优势，为获得项目服务标的增加概率。

3. 筛选政府采购平台全过程服务招标项目，针对自身有竞争力的招标项目

积极应对、有效响应，增加中标率。

4. 挑选具备申报优质工程（全过程咨询系列）条件的在建重点项目，从规范程序、实操服务、档案管理、项目后评价等多方面入手，积极申报优质工程，提前准备为后期项目投标竞争增加重要砝码，为全过程咨询业务拓展以及可持续发展创造有利条件。

（三）逐步制定完善适应全过程服务的工作管理制度

1. 根据全过程服务工作方针，明确各部门的管理规章。

2. 结合专业特点，制定细化的各专业部门工作章程、作业指导性文件以及部门权责和各实施阶段的工作任务。

3. 按照专业部门职能进行分工，明确各部门工作范围及工作人员的职责。

4. 制定经营、生产、技术、售后等人员的激励性绩效考核制度。

（四）加强全过程咨询项目服务团队组建及人才储备

1. 具体项目受托后，公司决策层根据项目特点、委托合同的服务内容权限、建设单位要求、项目所在地外部环境等多方面因素，组建精干高效的项目服务团队。

2. 公司决策层根据项目服务工作侧重点，在公司现有的项目管理、监理、造价咨询等项目负责人中，优选懂技术、擅管理、沟通协调能力强，且能总揽全局的专家型人才作为项目总负责人。

3. 在行业内的建设、施工、咨询单位中，选择招聘适合做全咨服务项目总负责人的综合性人才。

4. 项目总负责人根据项目特点，组织整合项目管理、监理、造价咨询等各部门专业人员，制定项目集成管理的工作制度、职责分工制度及考核细则等。

5. 采用专业学历、执业证书、工作能力、培训考试、模拟实操等多方面评价的方法，以及基层调查、客户反馈等途径，筛选一批在职的精明能干的员工，提前进行定向培养，作为项目负责人的储备。

（五）建立全过程咨询服务人才培训机制，提高服务水平

全过程咨询企业应和政府相关部门联合协作，为咨询企业服务人员提供多种培训学习的机会和平台，如开展技能、咨询管理交流会，建立线上培训平台等方式，使咨询服务人员具备先进的管理意识和高水平的专业技能，更好地服务于项目，提高项目全过程咨询服务质量。

1. 通过对典型项目案例的学习，利用相关基础文件，进行模拟实操训练。例如编制《可行性研究报告》《全过程咨询服务方案》《项目管理方案》和各专业实施细则等文件，以及造价文件审核、设计方案优化管理等工作的模拟实操。

2. 加强所有现场人员业务技能培训，以及适当考虑鼓励重点人员的转型升级能力培养和实操能力的横向拓展，以保证全过程咨询业务可持续发展的人力资源储备。

（六）利用数字化技术手段建立管理平台，创造转型优势

以数字化技术手段建立管理平台是实现全过程工程咨询管理协同、业务融合和集成化管理的重要策略，也是传统监理企业向全过程咨询转型的优势所在。通过以数字化平台和BIM技术、数据互联网、物联网等技术为支持，从管理职能、业务阶段和业务要素等方面建立全过程咨询数字化协同管理平台，平台架构如图1所示。

全过程工程咨询数字化管理平台由

前期决策、工程设计、工程建设和运营维护等业务应用系统组成，并与企业业财、运营、数据库及人力知识管理系统对接，分别构建各子系统业务区块的数字化工作流程。

1. 前期决策阶段主要以业务流程标准化为主，将不同项目类型的项目建议书、可行性研究报告等文本报告转变为数据化规则，规范技术文件内容和内部审批流程。

2. 工程设计阶段通过数字化管理平台实现招标采购、设计管理的信息共享和多角色协作。

3. 在工程建设实施阶段，各参建方基于数字化平台和基于物联网的实时数据采集开展安全、质量、合同、进度、投资、风险管理、沟通协调及知识管理、数字化交付等工作。

4. 后期运营阶段将数字化交付的模型和核心信息纳入运营管理系统，服务于运维管理。

以全过程数字化管理模式形成企业知识管理的积淀和更新、转型优势，便于形成科学正确的决策，以创造先进管控模式和企业经济价值，持续提升企业全过程咨询服务效率和服务价值。

（七）加强全过程咨询项目现场管理

1. 公司管理层面各领域组建专业服务小组，给各项目驻场团队提供流程、技术、管理、档案、社会资源等方面的后台支持。

2. 项目驻场团队依据全过程服务委托合同的工作范围，以及人员结构，按专业对项目服务工作进行分解，落实人员分工，并形成项目内部有效集成管理的操作模式。

3. 项目实施过程中，加强项目实施过程的质量、进度、安全、造价等实际工作的管理，实现各项工作有序衔接、平稳推进，以保证工程项目全过程服务

质量满足业主的各项目标。

4. 项目实施阶段完结后，项目服务团队积极对各相关文件档案资料进行整理归档，做好缺陷责任期的服务以及项目后评价工作。另外，需客观总结项目的工作体会，为后续项目积累宝贵经验。

（八）以高质量的全过程服务工作赢取行业内认可

以服务质量赚行业口碑，通过"苦干加巧干"赢得各参建方的信任，逐渐改变行业内对全咨服务的信任度，在信任度的基础上取得主动，使工作得到有效配合，并夯实"打铁还需自身硬"的基础，使全过程咨询服务工作随着项目的推进形成良性循环发展。

结语

全过程咨询服务是目前我国推行的新型管理模式，对于传统监理企业既是挑战，又是机遇。适合转型升级的传统监理企业要根据自身的规模、发展历程、同行业内的优势等特点尽早作出战略部署，另辟蹊径，规划本企业可持续发展道路。只要传统监理企业认清形势、稳扎稳打，通过自身不断探索和努力，主动针对大环境影响的不利因素迎难而上，全过程咨询服务的路定会前程似锦。

参考文献

[1] 刘军，张军辉．传统监理企业如何向全过程工程咨询行业转型 [J]．建设监理，2022（1）：52-54．
[2] 周翠．监理企业发展全过程工程咨询业务的关键技术探索 [J]．建筑经济，2020，41（7）：18-23．

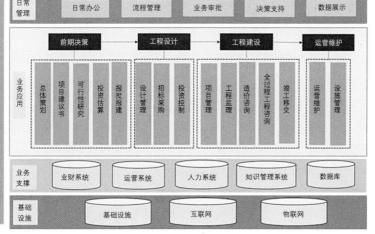

图1　全过程工程咨询数字化管理平台系统结构

基于生成式人工智能（AIGC）应用模型赋能集成项目数字化交付（IPDD）平台

黄春晓

建基工程咨询有限公司

摘　要：在工程项目的全生命周期内，利用全过程工程咨询AIGC应用模型，为IPDD平台赋能。通过输入端AIGC应用模型的六大场景提供的数据，结合项目管理的五大过程思想和IPDD平台，最终形成监理服务数字产品交付、全过程工程咨询数字产品集成交付以及组织过程资产。其中，监理服务数字产品交付是核心业务交付，全过程工程咨询数字产品集成交付则整合了各参与方的数据。

关键词：AIGC应用模型；AIGC应用场景；IPDD平台

一、全过程工程咨询AIGC应用概述

（一）AI概述

人工智能（artificial intelligence），英文缩写为AI。它是研究、开发用于模拟、延伸和扩展人的智能的理论、方法、技术及应用系统的一门新的技术科学。人工智能是新一轮科技革命和产业变革的重要驱动力量。

（二）AGI概述

人工通用智能（artificial general intelligence，AGI）指的是一种能够像人类一样应对各种任务和环境的人工智能，具有类似于人类的智能和学习能力。与之相对的是AI，它只能完成特定任务或领域的工作，缺乏通用性。

（三）AIGC概述

生成式人工智能（generative artificial intelligence，AIGC）是指通过人工智能技术生成新的内容，例如文本、图像、音频等。这种技术利用了深度学习、自然语言处理、计算机视觉等技术，通过对大量数据的分析、学习和模拟，生成具有高度创造性和个性化的内容。

二、全过程工程咨询AIGC模型的定位

全过程工程咨询AIGC模型是服务于全过程工程咨询行业的多模态、多应用场景的垂直模型。通过AIGC模型我们要实现两个目标：咨询师智能机器人与建造咨询行业大数据库，为行业的发展和进步提供有力的支持。

三、全过程工程咨询AIGC的应用场景

全过程工程咨询AIGC应用模型是一种多模态的模型，具备自动生成文本、图片、音频、视频和计算文件的能力。

在全过程工程咨询服务中，可以实现六大应用场景，包括基本知识系统、基础知识评测系统、工作成果生成系统、成果优化系统、成果评审生成系

统和营销文本生成系统。通过这些应用场景，我们能够解决全过程工程咨询中的各种问题，并实现智能化的咨询服务。

四、全过程工程咨询AIGC应用点

在全过程工程咨询服务中，通过六大应用场景将实现以下功能应用：

（一）基本知识系统

全过程工程咨询业务问题解答、施工工艺知识库、法律标准规范知识库、建筑类职业考试试题库。

（二）基础知识评测系统

项目人员能力的评测、项目各类风险的评估。

（三）工作成果生成系统

竞争对手投标分析成果，竞争对手投标报价预测，工作文件，工作表单文件，各类规划、方案、细则文件，计算成果文件，设计施工图纸，BIM三维模型以及语音文件的生成。

（四）成果优化系统

项目相关文本内容的优化、设计图纸优化、方案效果图优化、BIM三维模型优化。

（五）成果评审生成系统

设计图纸评审，方案效果图评审，建筑三维模型评审，工作文件的审核，各类规划、方案、细则文件的审核，远程质量监控审核，远程安全巡查审核，危险源异常检测，无人机巡查审核。

（六）营销文本生成系统

营销文案的生成、市场调研和预测、虚拟人直播、营销推广、营销短视频的生成、客户服务、实时营销等。

五、集成项目数字化交付（IPDD）平台

集成项目数字化交付（integrated project digital delivery，IPDD）基于BIM模型集成项目全生命周期不同阶段，不同来源，不同数据元的位号、模型、属性、关联关系、文档数据的交付。IPDD可实现全方位专业数据信息的自由流动，为决策者有效地运营和维护奠定数字基础。全过程工程咨询AIGC模型应用为IPDD提供数据上面的支持。

（一）存在问题

1. 企业管理数字化现状

随着数字化浪潮的推动，建筑项目管理、运维的数字化转型已经展开。但在目前的工程建设模式下，建设、运营、管理单位一般是各自分离，由于其业务和管理重点不同，导致在相应的阶段进行数字化的时候，更多的是关注当下阶段的数据内容，致使数据无法贯通，或流转到下一阶段的数据质量差，不可用，缺少应该采集的数据等情况。

2. 数据管理方面

关注实体建设，轻视数据建设，工程建设同时也是数据建设（数字资产）的过程。目前缺乏数据质量、格式等方面的管理要求。

建设单位的首要目标是控制质量安全进度、不超概算完成实体交付，一般对运维数据的需求不做太多考虑，且数据是原始凭证式、纸质的、离散的、片段式的。

运营方与建设方的数据移交范围内容（有归档要求，但归档要求是否满足运维需求有待商榷）、格式没有清晰的界定。

工程建设海量数据的交付，缺乏必要的标准和规范，数据提供方"交了文档就算完事"，数据责任不清晰，数据的

准确性没有保障。

3. 数据使用方面

没有结构化数据，只有"成包"的图纸、文档，虽然有电子扫描件，但没有结构化，只能人为查阅（且效率不高），无法计算机识别，不能快速归类、查询信息。

运维单位需要花费人力和时间，从海量的移交资料中手工整理、抽取、加工所需的信息和文档。

非结构化数据，数据没有关联，离散、片段式的数据没有图谱，无法通过一份数据快速定位查询与之相关的其他数据。

一刀切式的移交，重实体移交，轻数据移交，数据有效性质量无法保证，且无法验证，只有在使用时才发现数据缺乏、版本错乱等数据质量问题。

（二）IPDD平台的意义

1. 监理业务的高度扁平化以及低附加值，使得监理单位在传统的业主服务中很难有亮点和新的突破。建基咨询正是希望拓宽业务面，加深业主交付价值，提高业主满意度，重构建筑行业新交付理念，引入建筑业新型的数字交付产品迫在眉睫。

2. 在全过程工程咨询中，BIM能够连接建筑项目生命期不同阶段的数据、过程和资源，提供对工程全过程数据支撑，在建筑使用期间可以有效地进行运营和维护，数字化集成交付是建基咨询总裁黄春晓在2019年的中国建设监理行业交流会上首次提出的："监理企业是IPDD的主力军，IPDD是监理行业纾困突围的唯一选择"（图1）。

（三）IPDD平台的应用实现

1. 应用流程

集成单位或监理单位编制数字交付标准；集成单位或监理单位确定数据模型；设计单位、施工单位、监理单位、其他咨询单位以及其他参与单位进行数

据采集；数据移交给建设单位或者需要数据的单位；建设单位、运维单位对数据进行应用（图2）。

2. 应用系统框架

基于BIM技术的建设工程全过程数字集成交付平台，是一款BIM轻量化引擎，从工程设计、施工到运维的实时跟踪，注重各参建方在建设过程中包括质量、安全、进度、成本、验收等内容的协同工作和管理。IPDD管理平台将所有轻

量化后的模型数据整合到云端，以此实现信息实时同步至项目团队成员，建设单位和监理单位可以基于平台进行项目管理，设计单位可以基于平台搭建自己的构件库和模型库，施工单位可以基于平台进行施工进度模拟和管理，运维单位可以基于平台的数据进行运维管理（图3）。

3. 应用实现

根据项目类型制定相应的数据交付标准，明确数据交付的内容，并进行

数字化管理。在数据交付标准数字化的同时构建数据模型，数据交付信息的数据模型明确了数据交付的内容，用于指导后续的数据采集，是整个移交数据的基础。

以位号、设备为基础，根据数据标准（数据交付信息）规定的数据交付内容以及建立的数据关系，在不同的项目阶段，分别采集位号和设备的模型、属性、文档三个维度的数据。根据数据标

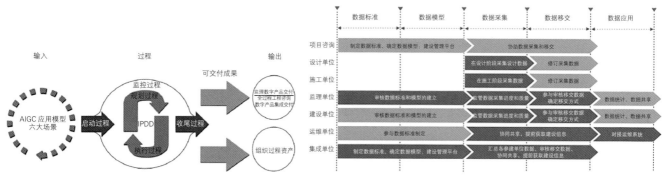

图1　集成项目数字化交付

图2　IPDD应用流程

图3　IPDD应用系统框架

准进行数据采集，保证数据的完整性，提高数据采集质量。

5D 联动中心可进行全维度的数据联动浏览，包括位号、模型、属性、数据关联关系（知识图谱）、文档预览 5 个维度的数据。从任意数据维度均可直接关联查看其他维度数据，极大方便了相关数据的查看以及数据参照对比。另外还可提供单独的文档资料查看模块。

数据检索可以帮助用户快速查询采集到的各类数据。通过用户输入的关键字进行快速查询。分为位号数据检索、设备数据检索和文档数据检索三种模式，覆盖用户采集的所有数据。

数据移交，用于数据最终审核和整体查看，可以浏览数据整体情况，也可以分标段浏览查看，同时可以发起审核。

数据资产统计，展示数据资产整体统计情况，包括采集的数据数量、数据质量分析等。

4. 预期成果

在工程项目的整个生命周期内，利用全过程工程咨询 AIGC 应用模型为 IPDD 平台赋能。通过输入端 AIGC 应用模型的六大场景提供的数据，结合项目管理的五大过程思想和 IPDD 平台，最终形成监理服务数字产品交付、全过程工程咨询数字产品集成交付以及组织过程资产。其中，监理服务数字产品交付是核心业务交付，全过程工程咨询数字产品集成交付则整合了各参与方的数据。

六、云桌面

针对公司多数项目分散在各地，数据都分散存储在 PC 本地，缺乏管控，数据易丢失、易泄密的问题，通过统一部署云桌面来解决。这样，我们可以将办公桌面数据、应用从终端迁移到后端，数据统一管理存储。同时，通过对应用、外设等限制，防止桌面核心数据泄露。为了满足公司对信息安全的迫切需要，我们计划以公司本部为核心部署私有云。

（一）应用场景

1. 研发办公场景

产品研发是企业的核心竞争力，研发数据是企业的核心机密，企业对研发数据的安全性要求非常严格。

2. 分支办公场景

分支机构的办公终端总量庞大但相对分散，IT 运维的支撑相对薄弱，容易出现故障以及资料丢失等问题，影响正常工作及业务。

3. 远程办公场景

业务的灵活性使随时随地远程办公逐渐成为企业办公刚需。

4. 普通办公场景

企业员工的日常办公，主要以 Office 应用、访问 OA 和互联网等情形为主，业务性能需求不高，但是终端总量庞大。

（二）解决问题

1. 软件研发

通过外设管控、用户自助快照恢复、文件传输审计系统、用户自助快照和还原、剪切板限制拷贝等功能，我们能够解决以下问题：研发过程中程序代码、开发设计文档等涉密文件容易泄露的安全隐患；测试环境部署速度缓慢无法及时响应敏捷开发的迭代需求等。

2. 广域网办公

分支机构项目人员 IT 技能偏低，或 1 人机动支持多个分支机构，运维响应不及时。外出人员需要安全地使用公司数据资料且避免项目过程资料丢失或损坏。

3. 行政办公

云桌面系统能够帮助公司保障财务、采购、风控等部门的数据安全，避免泄密对公司造成的巨大损失。

4. 3D 图形设计

通过云桌面系统解决设计图纸泄露问题，使设计图纸可以获得全面保护。使用显卡虚拟化技术，可以集中运算资源实现资源复用。

结语

（一）数字化作为智慧城市的重要组成部分，离不开建设工程数字化交付提供的基础保障。伴随着工程建设行业信息化发展，集成项目数字化交付模式将逐渐成为主流。

（二）监理单位在项目建设全过程中，除了竣工后需要提供过程工作资料外，没有针对服务对象产品的交付物。集成项目数字化交付是监理行业的一种选择。目前集成项目数字化交付还处于蓝海阶段。

（三）在项目建设全生命周期实施过程中，监理单位是实现集成项目数字化交付的最佳参建主体。

（四）咨询服务与集成项目数字化交付是监理行业转型升级、纾困突围的必然选择。

（五）建基咨询将通过集成项目数字化双交付示范项目，创新驱动示范引领，创建企业护城河，抢占商业先发优势，加快推进企业全过程工程咨询数字化转型发展。

（六）我们坚信，集成项目数字化双交付是一种更好的项目交付方式，可以把目前低于预期的碎片化流程转换成一种高协作性、具有良好附加值的业务模式、合作模式、管理模式和商业模式，从而为建筑咨询服务企业转型、优化、重构、升级开辟一个新的思路。

监理企业的信息化系统建设探讨

吴慧群　王忠仁　郑家验

浙江江南工程管理股份有限公司

摘　要：监理企业向全过程工程咨询转型升级过程中，信息化管理手段的应用是重要的创新管理、提升效率的工具，江南管理通过信息系统建设，结合业主的服务需求及公司的管理需求，依托公司研究院、江南管理学院资源，以模块化、标准化全过程工程咨询服务模式，提升企业数据智能化应用能力，在大型监理企业中实现转型升级、高效管控，体现信息技术在企业运营、生产、管理、服务各方面实践中的应用价值。

关键词：信息化管理；数智化；全过程咨询；监理

一、监理企业信息化发展的趋势

2023 年初国务院印发了《数字中国建设整体布局规划》，发力加快数字技术与实体经济深度融合，推动"数实融合"迈上新高度。随即根据国务院机构改革方案的议案，组建国家数据局，负责协调推进数据基础制度建设，统筹数据资源整合共享和开发利用，统筹推进数字中国、数字经济、数字社会规划和建设。

在此背景下，数字化转型已然是大势所趋。在过去 20 年飞速发展的进程中，江南管理的信息化建设历经三轮改版迭代，形成了项企一体、业财一体的数智化运营平台，为企业在全国发展战略下面临的服务提质、生产管控、人才发展、资源整合、知识管理等各方面的挑战中，提供了一系列数字化赋能工具。

在当今的数字化浪潮中，监理企业的数字化转型不再是简单的以数字化替代信息化，而应通过业务数字化、数据资产化，构建全面有效的、切合实际的数据资产管理体系，进而重构企业生产模式，实现数据资产的业务价值、经济价值和社会价值。

二、"江南云"的建设实施路径

随着公司业务的拓展，江南管理从 2003 年开始推进信息化建设，历经了单业务应用初级阶段（2003—2009年）—跨业务整合阶段（2010—2016年）—数字化建设阶段（2017 年至今）三个发展阶段。公司在 2021—2025 年五年战略发展规划中明确指出数智化建设是公司高质量发展的重要引擎。2021年，公司成立数字化改革领导小组，改组科技信息中心，制定数字化改革规划，以顶层设计为先导、管理变革为基点，架构数智运营、智慧咨询的数字化双轮驱动模式（图 1）。经过一系列的需求调研、系统定位、定向开发后，于 2022年底推出了"江南云"平台辅助全过程工程咨询业务拓展及实施。

"江南云"作为江南云数智运营平台，整合办公、培训、服务、运营等多个子系统，全面辅助公司生产管理，促进协同管理、人才培养、成本管控、经营决策等各项运营高效化，为客户提供更快捷的服务响应、更细分的服务定制、更周到的服务内容以及更良好的服务体验。

在"江南云"平台建设过程中，结合江南管理的发展历程及自身特点，采用了由上至下、逐步覆盖细分业务的建设路径。

（一）由上至下的建设思路

1.企业战略落地

结合企业"数智运营、智慧咨询"的数字化战略，从多个方面综合策划，包括制定数字化转型战略，建立数字化转型机制，组建数字化转型的领导机构、管理流程、项目管理和评估机制，优化业务流程，加强人员培训，制定数字化转型标准以及强化信息安全保障等方面。

2.数据应用场景设计

预先策划平台数据后期使用场景，更利于前期平台架构及功能搭建，梳理更顺畅的数据采集渠道。咨询业务平台的数据一方面应用于建设单位、咨询单位对项目质量、进度、投资、安全等的管控，另一方面应用于咨询企业对行业信息的采集、项目及员工绩效的监控等。

因此在平台建设前期就应对项目质量、安全、进度、投资、团队管理等各方面数据明确应用场景，进而确定数据来源、采集与整合、处理与分析、流转与共享、应用与反馈等数据应用步骤（图2）。

3.平台定位确定

工程咨询平台定位主要来自业务实施中的功能需求，包括灵活的项目管理、高效的团队协作、精确的项目计划、实时的项目监控、可靠的项目报告、完整的知识管理、可靠的安全保障等。

除了上述基本需求之外，根据企业的管理特点还可以拓展平台的其他定位，如平台数据在项目考核、人员考核方面提供的绩效统计、质量评估等功能定位。

（二）由点带面的推进模式

1.应用点的逐步覆盖

在建设过程中，首先选取应用重点——将监理业务进行信息化改造，在移动巡检、知识管理等功能落地的基础上逐步推广监理策划、危大管控、项目运营、成本核算等功能，提高了监理业务处理和管理水平，支持了监理项目的数字化进程。

点状的业务信息化应用针对特定的监理业务场景、专注于特定的监理数据、满足监理业务需求，其独立的系统架构能提高监理业务环节的效率，在公司信息化建设中扮演着重要的角色。随着全过程咨询业务的开拓，信息化团队又引进了任务管理系统，全面构建全过程工程咨询平台——"江南云"，实现全过程咨询的业务线上化，整合了项目策划、进度管控、质量安全管控、合同信息管理等功能，优化知识管理，赋能项目决策，并逐步展开第三方工程评估、投资决策咨询等业务信息化深化工作。

2.用户的逐步覆盖

基于业务系统开发，在逐步覆盖公司主营业务的过程中，选取重点试点项目，从典型业务、典型项目部切入，加强软硬件配备、应用指导，监控成效，在试点成功的基础上，逐步将优秀的信息化解决方案推广至其他项目部。在推广过程中，持续对系统的运行效果进行评估，收集反馈，保持进一步的优化和改进。

（三）建设模式对比

在与同行的交流中获知业务信息化建设，部分企业首先进行单个项目级平台建设，逐步集群化，最终整合为公司级平台，整体是由下往上的实施方案。江南管理从企业运营特点出发，采用的由上至下、逐步推进的建设路径，更侧重于系统顶层设计、逐步细化，对后期的数据应用，需要有前瞻性的考虑。

实践表明，由上至下的信息系统建设模式与由下往上的信息系统建设模式各有优缺点，应根据企业发展战略、运营特点及信息化实施能力等实际情况进行选择。

三、全过程工程咨询平台"江南云"应用成效

从2021年开始策划的"江南云"，到2022年底推出"江南云"平台，江

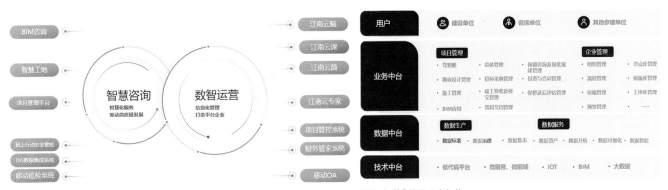

图1　智慧咨询、数智运营双轮驱动　　　　　图2　智慧化咨询平台架构

南管理在业务数字化、数据资产化、管理智能化并行的道路上探索前进，目前主要的信息化管理成效包括以下方面：

（一）业务标准化，标准数字化

"江南云"覆盖全过程工程咨询各阶段、各专业，集成项目全周期标准工作任务分发、过程控制规定动作、数据汇聚及成果总结等功能，开展全程监管、业务协同、资源调配、运营管理，旨在打造精前端强后台的输出模式，有效赋能业务，切实提升服务品质。

目前"江南云"功能主要覆盖了8大业务模块：决策咨询的5项咨询服务、综合管理的11项管理工作、报批报建的24项前期手续、设计管理的18个过程管理、招采合约的27项采购清单、造价咨询的8类造价服务、现场管理的24个管理要素、BIM咨询的12项服务清单；集成了公司的标准化体系成果，将工作标准数字化，通过标准化、规范化、透明化的管理，提高工作效率，降低成本，提高质量。

工作标准信息化对指导全过程工程咨询工作展开具有重要的意义，在"江南云"上线的将近一年时间里，在保持顾客满意度基础上，全过程工程咨询相关的技术咨询流程压缩了约1/3。

（二）基于全过程工程咨询的数字化服务

"江南云"高度契合客户的全方位管控需求，积极探索与客户协同的新型开放模式，让建设单位能深度参与项目建设的策划管控，实时获得项目全周期、全方位信息，一目了然掌握全局，为客户提供实时有效的数字化增值服务，带来更好的服务体验。

建设单位对信息数据的需求点涵盖了工程建设的各个方面，"江南云"为信息的有效管理和分享利用提供了实时有效的平台。

以2020年公司安全月活动为例，采用"江南E行"每日上传安全监理巡查记录1000余条，在特殊时期公司各级管理者无法现场考核的情况下，亦保证了现场日常安全及危大工程管理，在公司总部采用"线上考核"模式处于受控状态。

"江南云"平台自上线应用至今，已产生项目有效工作任务11000余条，在建项目应用覆盖率达90%以上，基本涉及项目各岗位工作，使项目员工工作处于可控状态，并为建设单位提供可量化、可评估的工作成果。

（三）持续知识管理，积累数据资产，提升项目运营

"江南云"立足江南管理近40年的知识沉淀优势，整合云脑、云课、云专家、云简等知识库，整合企业运营子系统及覆盖工程咨询各阶段，全面实现企业内部横向业务互通、上下级流程互联以及系统间数据共享，形成可供多个项目同时并用的信息资产，打造共建共享的数据生态圈，为项目部及客户提供大量的实践数据、咨询方案、成果文件的同时，结合各类项目在"江南云"平台的数据积累，持续优化，提升企业的知识管理能力。

通过"江南云"平台数据底座，公司能抓取项目运行状态，整合异构数据，包括项目的现场巡检状态、人员出勤状态等，提炼关键管控指标，对项目实现质量、安全、进度、信息的全方位管控，加强了公司对项目、员工服务状态的监控。公司7大事业部、32个分公司，其经营生产运营情况、指标完成情况、资源协同配合、生产管控实况可同步更新，将现场

管理指标化、图形化展示，对项目关键指标实现智能化管控的辅助管理。

四、克服的困难及针对性措施

（一）信息化建设的困难

1. 有效需求梳理

江南管理在信息化建设过程中，同样面临诸多的问题，而基于全过程工程咨询业务的"江南云"平台在建设过程中问题尤为突出。由于缺乏既懂业务又有一定信息技术能力的复合型人员，很难对业务信息化目标、需求、功能进行有效定义。各业务部门无法提供有效需求，IT人员很难透彻理解业务需求，导致双向理解有较大偏差，最终难以实现有效的系统构建和建设。同时由于无法提供有效需求，导致开发建设的系统功能很难满足企业后续使用需求，进而需不断修改调整。

2. 员工抵触，推行阻力大

"江南云"系列平台的推行，短期内对于员工来说额外增加了较大的工作量与负担。公司虽然对项目部提出了很高的要求，但由于和项目部在实施信息化过程中工作量增加、职权变小以及企业整体工作效率提高、管控加强、企业成本降低等利益之间的不均衡，引发了员工对信息化的抵触，造成推行过程中面临极大的阻力。

同时，"江南云"应用一定程度上也面临基础数据作假、迟报错报漏报、数据挖掘深度不足、利用价值不高等问题。

（二）采取的措施

1. 调研优化

江南管理在信息化建设过程中，充分汲取以往建设经验教训，重视顶层

设计。"江南云"平台在立项评估、开发前期、开发实施、上线测试、部署实施、运行维护等各个环节进行需求的调研、反馈与再评估,总结经验与不足,不断优化信息化建设工作。内部调研方面,信息化部门与业务部门、区域分公司、试点项目部形成常态化的沟通机制,进行面对面交流互动;外部调研方面,公司积极与同行企业、软件供应商等进行互动,多次考察交流,形成可借鉴的经验。

2. 数据治理工作

"江南云"平台推广应用阶段,公司建立数据治理工作制度与奖惩制度,落实各业务部门、分公司、项目部的管理职责,借助信息技术手段和工具,定期对平台积累的数据资产进行系统性的筛查与整理,形成数据治理工作报告,确保数据资产的持续可用和安全可靠,为公司的业务决策和创新发展提供有力支持。

3. 数智管理应用优化与 EHR 系统加持

公司深入推进数字化改革,基于"江南云"平台的管理模式与信息数据应用,重构项目员工绩效评价体系,量化项目人员绩效评价指标,制定明确的考核激励制度,为企业人力资源建设增值;同时,优化现有业务管控流程,提高员工工作效率与质量,为项目的服务品质增值,为企业提质增效。

结语

"江南云"平台的推出,是打破组织内部协同圈,推进产业链融合的第一步。借助数字化生产模式,数据将成为工程咨询服务的生产要素,在提升工程咨询服务品质之余,也成为一种不会被损耗,可以重复利用,同一时间出于多个目的并行利用的资产。

未来,江南管理将进一步推进数字化深化改革:

一是数字建设全面化。深化第三方、造价、设计等专项业务系统搭建,逐步将数据资源采集覆盖到公司开展的各条线业务领域。

二是平台功能精细化。通过完善营销、财务等管理模块,细化系统功能,形成更趋成熟的 EHR 系统、CRM 系统、预算系统等。

三是业务数据资产化。通过搭建数据中台,强化数据治理,提升数据质量,保障数据安全,保证数据资产化进程。

四是数据资产生态化。尝试系统对接、数据对接等不同数据开放模式,在条件允许的情况下,对接各参建方及政府主管部门信息化平台等接口,合作共赢,实现多场景数据互通,挖掘更大的数据价值,合力建设共享共赢的数据生态链。

信息技术在地铁施工管理中的运用探讨

魏 军

西安铁一院工程咨询管理有限公司

摘 要： 地铁建设是我国很重要的一个民生大工程，随着信息爆炸时代、知识经济时代的来临，21世纪的工程项目管理采用信息化技术已是大势所趋，项目管理的核心竞争力也更依赖于信息技术。鉴于此，在地铁建设过程中，各参建单位在项目管理中如何有效运用信息技术，是一项非常重要也很紧迫的问题。本文就此问题，进行简单的商榷与探讨。

关键词： 全生命周期；信息技术；监理通

引言

随着社会知识经济的迅速发展，信息化技术已经渗透到各行各业。国外企业工程项目管理信息化水平发展非常迅速，美国工程项目管理软件也相当先进，如P3/MS Project，收集整理信息广泛，且普及率高；麦道公司、可口可乐公司等使用了P3系列软件进行项目管理。日本也在大力推进建设项目全生命周期信息化，即CALS/EC，项目招标投标、过程管理信息的提交必须通过互联网进行。

对于国内地铁建设的各参建单位来说，实现工程项目全生命周期一体化信息化技术已经迫在眉睫，尤其体现在项目前期立项、工程可行性研究、批复、招标投标阶段和后期的运营维护阶段。地铁项目建设具有其独特性，如建设周期长、参建单位多、专业多、专业性强，

"四新"技术多，工点多且分散、自然与社会环境不确定因素多、流动性大等，而这些特点在不同程度上无疑制约着信息技术的发展与应用。各参建单位若想得到更好的发展，提高自身的竞争力，就必须正视这些问题。

一、地铁建设运用信息技术的意义

在地铁项目建设过程中运用大量的信息技术进行工程管理具有客观必然性，一方面可以完善提升生产效率，另一方面可以很大限度上节约项目管理成本，合理缩短工期计划。具体表现在：首先利用现代化的技术网络平台能有效提升组织能力，信息分析及传递更加畅通无阻。其次可对项目中间环节做好具体的调控，降低管理成本，强化资源效率。对于建设过程产生的信息数据，通

过计算机做好系统化的统计与储存，为后期类似项目或者其他项目做好经验积累和参考。最后强化信息技术作为实施根本，催发各参建单位的管理者对科学技术的重视程度，以提高生产人员的职业素养，营造健康、可持续内部发展环境，增强在地铁建设市场中的站位与竞争力。

二、信息技术在地铁建设施工管理中存在的问题

（一）局限性强、互动性差

目前地铁建设管理中，信息技术应用存在局限性，如缺少互动交流，甚至部分信息技术仅仅限制于开发引用单位的内部审核流程，且在实际运用中反馈出很多弊端，如工序烦琐、信息交叉、重叠反复，往往还存在多个命令源、管理职责不清、互相推诿扯皮、管理接口

不畅通、信息输送失真、存在管理脱节现象等，不仅增加了管理成本，还降低了工作效率，挫伤了工作人员的积极性。比如X项目中建设单位对OA的应用，仅仅局限运用于内部各级领导批阅流程，以及对其他参建单位的常规文件传递，如会议通知、季度考核通报等；各参建单位之间的交流还是采用传统的纸质文件，如发函件、工作联系单、报告等，或者采用QQ群、微信群等软件进行传递，甚至还存在信息失真和保密性差等弊端。从这一点上可以看出现代化信息技术并没有根本性地渗透到地铁建设的脉络中。

（二）孤立性强、共享性差、管理单一

根据调查结果，部分参建单位虽然已经使用了信息技术，也在管理中启动了项目管理系统，但仅仅运用于工程现场以及在项目内部流动，没有进行信息交流共享、互动共鸣，产生了"孤岛"效应，目的仅仅是自给自足，不利于项目长期稳定发展。

鉴于此，需要建设单位牵头或者委托第三方单位建立一个公共的一体化的信息管理平台，利用共享信息平台有效地为地铁建设项目管理提供基础数据信息。因此，建设单位需建立信息平台管理与维护制度，建立运维管理体系，要求参与建设的各部门、各单位定人、定岗、定时将自身的建设信息资源及时上传到共享平台，以便各参建单位进行信息共享和协同工作，一方面有助于信息处理反应迅速、提高工作效率，另一方面可以提高管理效率，使项目的管理透明度增加（保密性文件也可设置浏览权限），让各参建设单位能够更全面了解项目建设状况，利于项目建设。

（三）信息技术应用范围窄，应前后拓展信息平台的使用范围

全生命周期集成化信息管理应该覆盖从项目开始策划到项目使用报废为止所经历的各个阶段的全过程，将项目建设的各阶段进行有机化集成，建立全生命周期内集成化管理系统，以实现项目整体目标。因业主需求的改变需要承包商提供全生命周期的管理服务，承包商经营业务的拓展使得全生命周期管理成为可能，现代高科技促进了高效管理的实施，法人责任制的实行为全生命周期管理提供了制度保障。

但是经过调查了解，国内信息技术在地铁建设施工管理中的应用多数还集中在项目施工期间，如工程进度、工程质量、工程成本、工程安全、合同管理、工程技术内业管理等方面；在项目前期与后期阶段应用得就比较少，甚至忽略没有，比如项目前期的立项与批复、工程可行性研究、招标、投标、概预算，以及工程设计，后期的缺陷期修补、运营维护管理、变更增加的配套项目等。在施工过程中，仍然依赖各参建单位管理人员的经验以及处理能力这种传统的模式。因此，各参建单位对信息技术的使用范围是狭窄的，而且没有充分利用，没有沉浸体验到在地铁建设全生命周期管理中应用信息技术带来的便利。

（四）部分信息软件使用效果差，普及率低

众所周知，很多城市的地铁集团为达到地铁建设"规范化、标准化、精细化、信息化"的要求，实现项目整体提质增效，对参建单位均要求其实现BIM技术的应用，以充分发挥BIM技术的可视化、协调性、模拟性、优化性和可出图等优势，做到专业化的应用与协同管理相结合。如GZ地铁BIM系统采用清华大学土木工程系最新研究开发的工程项目4D施工动态管理系统"GZ轨道交通BIM管理平台"。该系统综合应用了4D-CAD、BIM、工程数据库、人工智能、虚拟现实、网络通信以及计算机软件集成技术，引入建筑业国际标准IFC（Industry Foundation Classes），通过建立4D信息模型，将建筑物及其施工现场3D模型与施工进度计划相链接，并与施工资源信息集成一体，反映工程项目管理中的进度计划、实际进度、进度偏差、进度执行情况分析等信息，为提高施工管理水平、确保工程质量，提供了科学、有效的管理手段。

但是通过对国内城市的案例调查，真正应用起来效果较好的项目可以说是凤毛麟角，如X项目建设单位在开工之际，大张旗鼓动员各参建单位均要参与BIM技术建设，并要求参建单位的法人书面承诺从本公司拨出专项经费用于BIM技术研发建设，但是经过近3年的项目实践，多数参建单位在BIM技术管理成果上仅仅应用在痛点管理、接口管理、形象进度、设计巡检与交底、工程监测、视频监控等受限的模块范围内，没有达到BIM技术研究管理的初衷。

（五）存在信息录入的重复性

经过调查，地铁项目建设中各参建单位几乎都有自己的信息平台，如WX质安站的质量安全监督一体化管理系统、建设单位的OA信息平台、监理公司的"监理通"、设计单位的BIM系统、检测单位的检测信息平台等。但是各参建单位的信息平台"各自为政"，互不联网兼容，在一个项目建设过程中起不到联网联动、资源共享的目的。除上级单位要

求各单位在他们单位的信息平台录入信息外，各参建单位还要在自己项目所在公司研发的信息平台重复录入一次，如X项目建设单位要求监理单位在其委托的设计单位开发的BIM技术应用管理系统上上传监理规划、监理实施细则、监理人员资质、日常巡视照片等信息之后，监理部人员还要在自己公司的"监理通"上重复上传这部分信息内容，导致额外增加了很多工作量。

三、如何在地铁建设施工管理中应用好信息技术

（一）加强对信息化建设的正确认识

众所周知，认为购买一些计算机设备、扫描仪，利用互联网上网，再委托第三方单位研发一个应用系统软件，并给予维护就是实现了现代信息化是肤浅的，也是片面的。信息是创造工程建设的附加值，是一个工程企业在建设领域基业长青的奠基石，也是推动企业健康发展的助力剂。各级领导想在城市地铁建设这个"大锅"中竞争自己的"一杯羹"，需要审时度势、群策群力、敢于投入，并作出英明、果断、正确的决策，加速信息化建设。

除此之外，各参建单位实行信息化绝不仅仅只是一个技术问题，而是关系到企业长远发展的规划与目标、业务流程、组织结构以及管理体系，必须持之以恒地应用信息技术以及信息资源。

（二）制定战略计划并实施

利用信息技术改造提升建筑业的运行模式已是大势所趋。各参建单位的信息化程度主要体现在施工阶段的应用水平，应根据信息化的特征，结合项目建设管理的具体情况制定相应的信息发展战略与长远计划，充分利用现代信息技术，逐步完善管理信息系统，如信息真伪识别自动化、信息收集管理自动化、信息检索工具化等特征。

（三）大力推进计算机管理系统，实现信息录入兼容共享，获取社会经济效益

地铁项目建设周期内产生的全部信息以系统化、结构化、有机化的方式存储起来，甚至对既往项目积累的信息进行有效分析，便于数据复用，从而为项目管理提供定性、定量的分析数据，进而支持项目的科学决策。

另外，受现代市场经济的影响与制约，工程建设项目的风险越来越大，全生命周期、全面一体化信息化技术可增强项目管理"免疫力"，大大提高项目抗风险管理能力，给风险管理提供了很好的方法、手段和工具，以便有效迅速地预测预判、防控防范。因此，实行全生命周期、全面一体化信息化技术可有效地利用有限的资源，获取最大的社会经济效益。

建设单位要努力实现各参建单位信息录入平台系统的兼容性，尽量减少信息录入的重复性，减少各参建单位信息录入的工作量及传统管理模式下大量的重复抄录，从而节约人力、物力与财力，让参建单位轻装上阵，全力抓好项目建设。

（四）监理行业试点引进"监理通"

"监理通"信息化平台为各监理公司转型发展所需，也是各监理公司在建设单位、监督单位等管理部门面前展现其信息成果和管理实体的一个亮点，同时也是一张信息赋能的亮丽名片。

如A咨询管理公司在2021年C省住房和城乡建设厅下半年安全质量监督检查及状态评估中，主动给检查组和专家展现公司总部授权广东世纪信通网络科技有限公司研发的业务综合管理系统——"监理通"，在项目中的有效成功运用，并介绍了"监理通"在实际运用中发挥的内业及时性、完整性、准确性、共享性、可追溯性优势，助力监理工作向高水平、高质量、高效率发展，检查组给予了高度评价，并在反馈会上建议其他参建单位要借鉴A公司在信息化管理中的成功经验，不断顺应行业发展趋势，提升监理管理水平。

"监理通系统"直观展示了巡视、验收、旁站、材料进场、见证取样、平行检验等现场监理行为，可随时溯源；通过大数据分析和辅助决策助力现场质量安全管控、提升监理工作效率，利于员工工作量化评估，也可实现公司总部远程监控等多方面的实际成效。

信息化建设与监理企业、行业的改革密切相关，是转型升级和创新发展、快速提升管理效能的重要抓手，对公司提高核心竞争力、努力实现跨越式发展具有重要意义，只有把握住机会，才能不会被信息化时代的市场所抛弃。

近年来，A公司在信息化建设、信息化人才培养、信息化应用等方面持续加强。2020年公司机关总部制定了监理通运行推进考核办法，成立"监理通"运行推进领导小组并进行任务分工，制定了"监理通"运行推进计划、目标和措施，通过公司内部培训学院平台对"监理通"的使用进行宣贯培训、网上答疑，安排项目巡查，督促推广运用，并根据运行情况定期形成信息化运行简报并予以通报。同时为了更好地鞭策项目、鼓励先进，公司还实施了百分制评分，对成绩优异项目给予物质奖励，并将考

核结果纳入年度绩效考核评价体系，大大推动了监理通的应用效果，取得了初步成效。

（五）对信息化建设进行政策、法规倾斜，加大基础设施建设投入，加强信息技术研究

健康的外部环境对推动项目管理信息化至关重要，因此政府部门应营造宽松的政策环境，建立统一的信息化规程，并建章立制、立法保障，以促进信息化建设的良性发展，进而有效保证信息化建设的可持续发展。

至今，部分参建单位认为在信息化建设上增加投入会额外增加项目管理成本，因此对信息化建设存在一种抵触、偏激、怠慢思想。基础设施建设方面若投入不足，信息共享与及时传递必将受阻，进而导致信息输送滞后、扭曲及传递失真，这对企业长远发展极为不利。基础设施建设是实现信息化的有机载体，因此在项目成本核算时，建议考虑信息化基础设施的费用，必要时给参与信息化的技术人才提高待遇或者考虑给予适当的信息补贴。

加强全生命周期的全面信息技术的应用开发研究，是实现信息化技术关键所在，可利用 EDI、MIS 系统，语音识别技术等信息技术进行工程管理。如利用 EDI 系统对购买工程材料进行管理，大大减少或避免"凭证满天飞，报表一大堆；一家一个数，责任相推诿；决策无依据，老总难指挥"的现象，从而节约大量的处理成本，且信息精准度高，避免了相同数据多次重复录入造成的错漏，进而有效提高工作效率。

与信息技术相关的人员应具有一些最基本的技术技能，如计算机操作技能、数据库技能、通信网络技能、5G 技术、AI 技术、BIM 技术等，通过建立信息技术培训基地、培训平台增加大学教育相应内容，以网上培训、知识普及等多种形式，培养跨专业的信息技术人才梯队。

结语

总之，对于地铁建设工程而言，全生命周期的全面信息技术应用不仅要体现在技术变革方面，更要体现在管理层方面。要想确保管理信息平台一体化的真正实现，各参建单位管理层应及时更新观念，摆脱传统模式的束缚，建立信息平台专项资金并纳入招标计划，否则将面临优胜劣汰的局面。建设单位等主管部门应尽量统筹管理、创新管理，优化各参建单位的信息平台；立足实践，引入信息平台一体化的现代技术，实现全面信息化管理，以节省人力、物力、财力，节约时间与成本，不断提高市场竞争力，使地铁项目建设趋于良性、健康、可持续发展，真正推动各参建单位由粗放型向节约型的转变，使我国项目管理全面信息化建设进入一个全新的层次。

参考文献

[1] 李坚. 浅谈建筑施工管理中的信息技术应用 [J]. 科技创业月刊, 2007, 20 (10): 2.
[2] 陈浩. 信息化助力监理企业发展: 访珠海市世纪信通网络科技有限公司总经理刘明理 [J]. 建设监理, 2014 (10): 2-4.
[3] 丁力. 浅析工程项目管理信息化建设 [J]. 中国科技信息, 2011 (13): 1.

信息化监理的核心工作

郑立伟　胡　飞　张步南

方舟工程管理有限公司

摘　要：近年来，信息化建设如火如荼，各地各系统都在积极推进信息化建设，加快建设网络强国、数字中国。信息化工程监理是推进信息化建设的不可或缺的一环，信息化监理水平的高低直接影响着信息化建设项目质量。本文针对信息化监理的核心工作进行研究。

关键词：信息化；工程监理；信息系统

一、信息化项目建设特点

（一）业主角度的信息化项目特点

1. 由单系统、单一部门组织实施向多系统、多节点和多部门共同实施的趋势发展。传统监理工作，监理协调的主要是一个企业、一个项目，信息化监理涉及范围广，可能会延伸到不同的地域，涉及主体多、系统多、部门多。

2. 参建单位较多、系统接口较多，集成复杂。因信息化建设涉及的主体多，每个主体都要有独立的系统接口，集成复杂。

3. 系统使用范围广泛，使用用户较多。信息化项目建成后，使用用户可能会涉及不同的群体，进行信息输入／输出、数据查询下载、业务办理等，使用范围广泛。

4. 业务专业性较强，技术较高，实施难度大。针对不同的功能效果进行专业化设计系统性运行，对技术要求较高，从方案设计到施工调试运营，各个阶段相互衔接，实施难度大。

5. 系统开发规模较大，实施工期较短。信息化项目不像传统工程监理项目动辄几年的建设工期，信息化项目建设周期较短，涉及系统开发规模较大。

（二）信息项目建设本身的特点

信息系统是一个极为复杂的人机交互系统，它不仅包含计算机技术、通信技术、网络技术，以及其他的工程技术，而且还是一个复杂的管理系统，信息系统项目建设本身的特点如下：

1. 科技前沿，新概念、新技术、新知识、新业务在各行各业广泛应用并迅速发展。信息化项目属于知识密集型项目，信息化与现代化密切相连，信息化促进了产业融合与技术发展，始终走在科技前沿，引领时代进步。

2. 高技术产业，国家支持战略，政府及企业加快应用。习近平总书记指出，要全面贯彻网络强国战略，把数字技术广泛应用于政府管理服务，推动政府数字化、智能化运行，为推进国家治理体系和治理能力现代化提供有力支撑。

3. 高素质人员，高学历、专业能力强、年轻化、流动性较大。人才是信息化的成功之本，信息化建设的质量与信息化人才的质量息息相关。合理的信息化人才结构更是信息化人才的核心，合理的信息化人才结构要求不仅要有各个层次的信息化技术人才，还要有精干的信息化管理人才、营销人才，法律、法规和情报人才。通过高等教育、继续教育等多种途径和方式，加快培养创新型、专业技术型、技能型信息化人才，是促进信息化产业健康快速发展的重中之重。

4. 用户需求变化快，技术更新较快。信息化的特点就是更新换代快，用户需求也会随着市场的变化不断变化。

5. 实施过程、成果可视性差。尤其是软件程序设计、内部代码，在项目正式调试、运营投入使用后，用户只能体验使用效果，每一个独立的项目都有其创新开发的关键代码，可申请专利保护，其实施过程、成果可视性差。

二、信息化工程前期阶段监理要点

（一）项目立项阶段监理要点

对于投资较大的信息网络工程，必须事先进行项目可行性研究，由业主、主管部门和咨询设计单位（如果进行咨询式监理还包括监理方）共同进行。在完成类似项目调研（功能、设备选型、设计及实施方案）的基础上，通过研究本单位的建设目标、业务要求和工程实施方法，编制出可行性研究报告。信息网络系统的建设不同于一般工程项目的建设。一般工程项目的可行性分析是对工程立项决策的分析，分析的对象以初选目标为前提。而信息网络系统是在申请立项、对本单位内部进行广泛调查并且按照立项的准则写出系统分析说明书后，才能进行可行性分析。在信息网络系统的立项阶段，监理方应协助业主确定系统设计目标、系统预期功能和性能、运行环境、投资预算和竣工时间等。立项是进行系统分析和可行性分析工作的前提。

（二）招标投标阶段监理要点

招标投标阶段，监理方的主要工作是了解用户业务目标，协助业主单位确定系统需求并进行软件工程项目的招标准备工作，合理确定资格审查条件，编制适宜的招标文件。协助业主单位做好软件工程项目的招标工作，选定合适的承建单位。

（三）合同谈判阶段监理要点

监理方要促使业主单位与承建单位执行有效和稳妥的合同签订过程，确保信息化项目承建合同的合理性和有效性，不能背离招标投标主要内容要求，合同金额和施工工期应合理、合法。合同应重点审查以下内容：

1. 合同中的系统需求是否覆盖用户的系统建设目标。

2. 合同中系统需求描述的一致性。

3. 为处理变更问题规定适当的处理方法。

4. 规定与其他系统接口处理的要求，包含所有权、批准权、版权和机密。

5. 按照系统需求规定验收准则和规程。

6. 明确监理单位在工程付款中的权利和义务，对工程的里程碑节点进行划分和界定，并作为工程阶段性付款依据。

三、需求确认阶段监理

监理单位应了解业主单位的业务目标、系统建设目标、现行和预期的业务模式，并将其作为监理工作的依据之一。监理单位还应协助业主确定初步建设范围、系统需求和约束条件，具体需求应包含以下内容：

1. 协助承建单位进行需求调查，了解各项业务流程、软硬件环境及使用情况等。

2. 组织需求交流会，组织承建单位和业主方共同探讨业务模型的合理性、准确性和发展方向等问题，得到相对先进的业务模型，协助承建单位理解业主方的需求。

3. 协助业主审核承建单位的用户需求分析说明和系统原型是否满足业主的需求，确定此工作产品符合完整性、正确性、可行性、必要性、划分优先级、无二义性、可验证性等要求。

4. 协助业主组织专家评审会。

5. 监督承建单位依照业主专家意见对需求分析说明书及系统原型进行修改。

四、信息化工程设计阶段监理要点

（一）概要设计

1. 审核承建单位编制的《项目开发计划》《质量保证计划》《配置管理计划》等。确保承建单位对项目进行合理的工作结构分析，安排合理的资源，其进度符合总体进度要求，采用必要的项目管理制度、合理的质量保证机制与资源。

2. 签署《开工令》，承建单位的《项目开发计划》《质量保证计划》《配置管理计划》均通过监理方审核，确定后，监理方签署承建单位提交的《开工报审表》，总监理工程师签署《开工令》。

3. 协助承建单位对《概要设计说明书》的实施，监督其进度符合进度计划。

4. 评审《概要设计说明书》，组织对承建单位提交的《概要设计说明书》《数据库设计说明书》《用户手册》及初步的《测试计划》进行评审，确定此工作产品符合合同要求，技术架构合理，设计优化。

（二）详细设计

审核并跟踪承建单位进行《详细设计说明书》。

1. 审核承建单位确定的每个模块的算法，写出模块的详细过程性描述。

2. 审核承建单位确定的每一模块的数据结构。

3. 审核承建单位确定的模块接口细节。

4. 通过定期沟通、检查文档等方式在进度上进行控制。

5. 对承建单位提交的《详细设计说明书》进行评审,确定其是否符合合同要求,技术架构是否合理,设计是否优化。

(三)制定编码规范、制定测试用例

1. 监理单位应要求承建单位为软件编码过程和单元、集成测试过程的实施提交详细计划,并督促承建单位按计划的要求开展工作。

2. 过程测试

监督承建单位尽早和不断地进行软件测试,收集测试记录和改正记录。

监理单位将监督承建单位和第三方独立测试机构对中间版本进行单元测试或系统测试,并审查其《测试计划》和《测试报告》。

五、信息化工程实施阶段监理要点

信息化工程实施阶段监理要点,主要包括质量控制、进度控制、投资控制、变更控制、安全控制、合同管理、信息管理和组织协调等工作。

信息化工程实施阶段质量控制是指实施、开发正在进行的质量控制。此阶段直接形成信息化工程的实体质量,监理单位要做好实施过程中的阶段性质量控制,做好材料、设备的检查,严把工序关,建立质量管理点,关键工序重点控制,协助建设单位对严重质量隐患和质量问题进行处理,做好工程款支付签署质量认证。

信息化工程实施阶段进度控制,监理工程师应当做好以下工作:

1. 根据实际情况,不断调整完善项目控制性进度计划,并据此进行实施阶段进度控制。

2. 审查承建单位的施工进度计划和进度控制报告,监督承建单位做好施工进度控制,对施工进度进行跟踪,掌握施工动态。

3. 研究制定预防工期索赔措施,做好处理工期索赔工作。

4. 在施工过程中,做好对人力、物力、资金的投入控制工作及转换控制工作,做好信息反馈、对比和纠正工作,使进度控制定期连续进行。

5. 开好进度协调会,及时协调各方关系,使工程施工顺利进行。

6. 及时处理承建单位提出的工程延期申请,若出现工程施工延期,按照规定流程进行处理。

信息化工程实施阶段成本控制是一项复杂的工程,尤其对于大中型项目而言,缺乏项目成本控制的参照。监理项目部是项目监理的成本控制中心,要以合同价格为依据,监督、检查承建单位制定合理有效的项目成本控制目标,各承建单位、建设单位和监理单位通力合作,形成以市场投标报价及合同价格为基础的技术实施方案经济优化、物资采购经济优化、人力资源配备经济优化的项目成本控制体系。

六、信息化工程验收阶段监理要点

(一)培训阶段监理

1. 监理单位应要求承建单位确定培训类型、水平以及需要培训人员类别,以制定实施进度及满足资源需求和培训需求的培训计划,并形成相应文档。

2. 监理单位应监督承建单位按照计划开展培训内容。

3. 监理单位应要求承建单位组织有能力、合格的培训讲师进行培训。

4. 监理单位应及时收集培训过程资料,形成培训总结报告。

5. 监理单位应根据培训的需求、培训计划、培训过程,形成培训效果评价和监理意见。

(二)初步验收阶段监理

1. 监理单位应对承建单位的初步验收申请进行审查,初步验收的条件应符合合同规定的初验条件,具体包括软件系统是否已完成的全部工作内容、合同规定需要提交的文档是否齐全、软件产品是否已置于配置管理之下;已经过系统测试评审,必要时,监理单位应要求承建单位提交第三方测试机构出具的第三方测试报告。

2. 监理单位应审核承建单位提交的验收方案的符合性(验收目标、责任双方、验收提交清单、验收标准、验收方式、验收流程、验收环境等)及可行性。

3. 监理单位应对承建单位提交的初步验收文档进行审查。

4. 监理单位应根据相应的准则确认软件产品,并提出监理意见。审查是否与合同保持一致,审查是否与系统需求保持一致,审查是否与业务需求保持一致。

5. 监理单位应监督承建单位及时整改系统初验中发现的问题和不合格项。

(三)试运行阶段监理

1. 监理单位应督促并审查承建单位出具的试运行实施计划和实施方案。

2. 监理单位应协助承建单位和业主单位按照计划实施系统试运行工作。

3. 监理单位应要求承建单位配合业主单位进行试运行过程中的测试,测试结果应形成相应文档。

4. 监理单位应督促承建单位解决系统试运行中发现的问题和不合格项,形成监理意见。

5.监理单位应督促并审查承建单位完成试运行总结报告，形成监理意见。

（四）终验阶段监理

1.监理单位应要求承建单位按照合同要求提供过程资料文档、评审资料、总结报告，并审查是否达到终验条件，包括但不限于满足终验条件，初步验收合格，试运行正常、稳定且出现的问题已经得到解决。

2.监理单位应协助业主单位根据已确定的验收策略和准则进行验收，包括准备测试用例、测试数据、测试规程和测试环境。

3.监理单位应协助业主单位对可交付的软件产品或服务进行验收评审和验收测试，验收活动和结果应形成文档。

4.监理单位应监督承建单位解决系统终验中发现的问题和不合格项，并形成监理意见。

七、工程移交阶段监理

1.监理单位应审核承建单位提交的工程款支付申请，包含软硬件交付清单和相关工程文档。

2.监理单位应根据合同中的要求，协助业主单位进行工程决算、工程审计相关工作。

3.监理单位应协助工程参与各方完成对工程的总结和后续系统运行的建议。

4.监理单位应完成工程总结报告，整理完成与工程有关的全部监理文档，并交付给业主单位归档。

八、信息化监理在方舟

2020年12月，公司中标某政务服务综合管理平台（二期）软件测评、等级保护测评及工程监理项目综合信息管理平台系统监理工作，该综合信息管理平台系统的主要功能有：数据治理和自然灾害综合监测预警业务应用系统；应用支撑组件与服务总线的建设；标准规范制定，其中，业务应用系统涵盖基础信息管理、安全生产、政务管理、应急救援、综合展示、移动应用六大类；涵盖各级应急管理部门主要工作内容，为日常行政办公、监督执法、值班值守、监测预警以及突发事件应急指挥救援、辅助决策等核心业务提供信息化应用支撑；升级优化相关会场的大屏显示系统；改造音频扩声系统、优化会场声音效果、新建音视频分布式控制系统，实现信号互联互通，新增视频会议系统、改造一楼接待大厅为监测预警中心、改造网络机房为模块化机柜、增加动环设备和摄像机实现机房实时监控、增加空调系统保证了设备的散热；对配电系统进行改造，增加UPS设备保证了网络设备不断电、不断网以及综合布线；应急网络系统建设包括车载通信系统、车载应用系统、有线通信系统、卫星通信系统、无线通信系统、前端采集设备（感知网）、应急现场便携式指挥所等，为智慧协同的应急管理业务应用体系的建立提供基础的网络支撑。作为硬件总集成商，协调各个分包硬件设备厂商，并对总体质量和进度总负责，保障项目整体的顺利实施、各系统稳定运行、系统之间能够顺畅衔接，为应急管理业务提供安全、稳定、可靠的基础资源支撑以及安全基础设施、数据安全、应用安全、终端安全、移动安全、安全运营管理中心、省应急厅政务云设备部署等多个业务管理模块，涉及装饰装修、供配电、软件升发、硬件设备采购安装、安全设备采购安装、第三方软件测评、第三方等级保护测试等，建设费用9700多万元。系统上线之前用单一系统进行信息管理与业务处理，信息孤立、统计烦琐、周期长，该项目引入了监理，在整体工程中对项目进行了全面控制，保证了对项目工期和投资资金的控制，并且于2022年底通过了国家审计工作，赢得了用户的一致好评，使项目获得了圆满成功。该项目极大地增强了用户在以后信息化建设过程中引入监理的决心，同时也为用户应对审计提交相关说明提供了更有力的过程文档。在该项目建设过程中监理起到了良好的引导和规范作用，主要从质量控制、进度控制、投资控制、合同管理、安全管理、信息管理等方面进行了控制和管理协调，有效提高了整体管理水平，满足了项目干系人的需求和期望。

结语

信息化建设主要指的是当前网络信息系统、信息资源以及相关应用系统的建设，三者分别对应于信息处理的计算机系统和信息资源管理系统以及业务管理系统。随着信息化建设的快速发展，信息系统工程监理的作用日益显著。因此，通过专业的信息化监理企业和高素质的信息化监理团队为信息系统工程监理提供全方位的控制，为信息化建设的发展保驾护航，才能保障信息化建设有序健康的发展。

监理企业发展和人才队伍建设中新技术的学习及应用

冯迎喜

临汾方圆建设监理有限公司

摘 要：随着监理行业的改革和创新，监理企业正在朝业务多元化、管理信息化、工作标准化和服务智慧化的方向发展。

关键词：行业改革；监理企业；新技术学习引入；人才培养

30多年来的工程实践证明，工程监理队伍已成为工程建设中一支不可或缺的力量，其对控制建设工程质量、进度、投资目标和加强建设工程安全生产管理做出了重要贡献。随着我国建筑业供给侧结构性改革和从追求高速增长向高质量发展的转变，监理行业也渐渐出现了一些问题，如市场竞争更加激烈、人员结构形式单一、整体层次不能满足目前开展全过程工程咨询管理的要求等。

一、监理行业发展现状

（一）全过程工程咨询发展缓慢

当前，我国全过程工程咨询服务发展较为缓慢。一是建设单位对全过程工程咨询业务认可度不高，不利于全过程工程咨询服务的开展。二是行业分割较为严重。现阶段建设工程管理模式分别由多个部门管理，存在条块分割及职权交叉、政出多门等矛盾，不利于形成全过程工程咨询统一管理模式。三是配套制度不够完善，如缺少取费依据和统一的收费指导标准。目前，建设项目经费预算中涉及项目管理费的只有建设单位管理费和项目建设措施费，不含全过程工程咨询服务费。

（二）从业人员结构层次单一

传统的监理服务模式，以派驻实行总监理工程师负责制的项目监理部的形式提供服务，所需要的人员在专业知识和工作经验上具有较高的相似性，现场人员只需懂技术和管理即可，整体层次不明显。这种模式下，人才的培养和管理也都比较简单。但在开展招标代理、造价咨询、项目管理和全过程工程咨询管理的服务模式下，尤其全过程工程咨询服务是涉及技术、管理和经济等内容的综合性服务工作，就逐步显示出了懂技术、经济、管理及法律等各专业方面人才不足的情况，缺乏具备国际视野和熟悉国际规则的全过程工程咨询复合型人才，难以满足企业的多元化发展要求。

1.专业能力有待提升

随着全国深化"放管服"改革的不断推进，注册监理工程师的报考条件也在不断放宽。先是取消"取得中级职称并任职满3年"的要求，降低了报考人员大学毕业后的报考年限；后又延长了考试成绩的有效期，由原来2年的周期调整为4年一个周期。这些举措虽然从整体上减轻了从业人员的负担，提升了监理人员的考试通过率和持证率，但与此同时也带来了新的问题，如在通过考试的人员中，年轻人偏多、工作经验不足，与企业对能够胜任总监理工程师的要求存在一定的差距。

2.监理人员流动性大

工程监理人员收入普遍低于其他建筑行业从业人员，即使是注册监理工程师也要低于注册建造师、注册造价工程师等，与项目管理单位的管理人员收入差距则更大。工作环境艰苦、法律责任大、执业风险大，再加上年轻人面临着生活、教育和医疗成本提高的问题，导致监理人才流失到其他相关行业的情况较为严重。

3.监理方式落后

工程监理业务范围不断扩大，不再局限于安全与质量等领域，逐渐朝向造价和绿色施工发展，给监理工作带来很大挑战。目前来说，工程监理工作中采用的监理方式落后，精细化水平不高，难以实现全面覆盖，影响监理价值与作用的发挥，需加以创新和优化，切实保障工程建设的质量与效益。

4.监理队伍素养有待提高

基于工程监理工作新形势分析，监理工作的现场和监理对象等，都产生了很大变化，使得质量监理和安全监理等面临新挑战。如何把控工程质量与安全成为研究的关键。具体来说，新技术和新材料等的应用，直接带动检验检测技术手段的变化，监理人员对新理论知识和技能等的掌握不足，则会直接影响监理价值的发挥。基于此，要注重监理队伍的建设，组织学习培训，考取执业证书，不断提高人员的素质水平，促使监理价值与作用的实现。

5.监理费有待提高

由于市场竞争激烈，为了达到中标目的，监理费用都低于市场水平，有些监理项目甚至低于成本，导致服务水平下降。为了解决类似情况，行业要立约定，促使监理公司遵守，更好地提供优质服务。

二、监理行业的发展趋势

通过国家一系列相关政策的发布，可以看出如下几点转变。

1.继续从事建设工程施工阶段的工程技术与管理咨询。目前监理规范中所要求的"三控两管一协调"中的全部或部分职能，还是有较大的市场需要的。

2.参与建设工程全过程咨询服务，即现有的建筑工程投资咨询、勘察、设计、招标代理、造价等整个时间轴上的一个、几个或者全过程的咨询工作。这会促使目前的建筑咨询企业进行重新组合或兼并。

3.参与政府委托的建设工程质量与安全监督工作。这项职责如果用于施工期间的工程质量监督检查，则更适应于目前的监理行业；如果是针对工程建设全过程的质量监督检查，那么就是将现有的规划审核、施工图审查及施工质量监督等服务由政府购买，企业实施。

4.参与建设工程建设过程中的其他咨询服务。随着社会文化与技术的不断变化与发展，建设工程新领域的问题也不断出现，当这些问题和需求出现时，需要社会力量的加入，如政府目前推行的BIM信息化技术，若要加速发展，必然会出现一批专业的BIM管理团队。未来的监理市场一定是朝业务多元化、管理信息化、工作标准化和服务智慧化的方向发展的，监理人员也必须是拥有经济、法律、技术和管理等多学科知识的复合型人才。

三、持续创新变革，搭建咨询平台

（一）成立技术创新中心

技术创新中心的成立是企业创新变革和谋求发展的必由之路。技术创新中心可以根据企业的项目类型成立，如医院建筑、装配式建筑、绿色建筑等创新中心，要着重某一领域做精、做大、做强。

（二）组建专家团队

以技术创新中心为依托，充分利用企业吸纳的各专业人才和本专业的优秀员工组建专家团队，分领域培养一批既能搞技术又能搞科研的优秀咨询团队。同时建立现场与企业专家队伍无缝衔接的联动机制，时刻为项目现场提供强有力的技术管理和风险管控的后盾支撑，针对项目现场监理工作中面对的危险性较大、复杂性较高等工程出现的各种问题提出处理方案和措施。

（三）引入监理新技术

从工程监理发展前沿分析，部分企业已经开始探索与实践，推广应用BIM技术，助力建筑信息化发展。以某监理公司为例，搭建了数字化中心，监理人员操作鼠标，便能够通过显示屏获得BIM技术模拟的全过程，轻轻操作便获得地下隧道和管线布局等信息，为工程设计和施工管理等工作的开展提供技术保障与支持。根据工程管理实践总结，BIM技术的应用不再局限于工程设计环节，在工程技术管理和质量管理等多个方面起到积极的作用。传统的造价管理，受到信息不畅通的影响，难以及时获得效益管理信息，当发现造价问题后，往往难以有效补救。采用BIM技术手段，辅助施工环节的管理，实现对工程进度的有效控制，进而实现对成本的控制。同时在土方挖掘方面，引入BIM技术，利用模型漫游和渲染等工序，借助无人机航拍，能够高效精准计算土方量。工程管理实践中，搭建三维模型，实现对信息的完整收集和高效共享，切实发挥模型可视化和协调性等作用。借助技术手段，开展三维仿真模拟以及科学规划等，高效布置作业平面图，结合工程进度计划，获得现场的信息，实现对平面的高效率布置，参照设计的工程进度方案，能够直观模拟每个阶段的现场情况，实现专业的有效协调。借助BIM技术手段，发挥可视化和参数化等价值。作业前，运用BIM技术手段，开展机电专业的碰撞检查，再通过事前控制检查以及技术指导精准预留预埋等，实现对作业的真实化模拟，实现对质量问题的有效防范，减少返工的发生，保障项目的投资效益。从该企业推进的项目分析，90%的图纸错误都得到了精准排除，有效减少了工程返工，为建设单位节约了投资且缩短了工期。

（四）强化内训，提升现场履职能力

1.重视岗前培训，坚持先培训后上岗，弥补员工经验的不足。同时，通过在岗培训和"传帮带"形式，逐步提升项目现场监理工程师的综合业务素质和技术管理能力，并鼓励员工利用业余时间自学，对考取相应注册资格证书的员工给予奖励，以形成不断学习的好习惯、好氛围。

2.加强项目部之间的学习与交流。定期组织各项目部之间相互参观学习，了解不同建筑工程的建设、施工、项目管理模式及业务开展情况，以积累经验。各项目部通过相互学习与交流，取长补短，改进工作方式，在相互比学中提高自身管理水平。

（五）进行绩效考核，持续激发员工动力

1.逐步完善人员绩效考核制度。以季度考核和年度评优评先考核相结合，对员工的各项业务工作能力进行全面考核测评，根据考核结果对其进行奖励或处罚，帮助公司更好地选拔和管理人员。季度考核以"定性考核"为主，细化薪酬类别，通过动态调整机制持续保证对员工的激励，实现了人员"能上能下、能进能出"的考核目的。年度评优评先考核以"定量考核"为主，考核指标清晰明确，对员工的年度综合表现进行评优评先，对优秀员工给予表彰和一定的奖励，提升员工的责任感和荣誉感。

2.建立薪酬激励机制。根据市场环境，结合不同的岗位特点和地域特点，确定不同的薪酬定位，在薪酬水平上向重点、规模大和业绩贡献度高的业务倾斜，同时体现工资政策的市场特性，在满足各业务发展的同时，对核心岗位人员进行长期激励。

（六）工程监理工作的优化策略

根据监理现状反馈的问题分析，若想切实提高监理工作的价值与作用水平，采取精细化管理手段有着重要的意义。实践中要围绕监理内容和标准，制定细致的监理工作方案，提出完善的监理措施和方法。例如，质量监理方面，要考虑到工程具有专业广泛和建造周期长等特点，受到各类因素的影响，尤其是不确定因素，极易产生质量问题。根据以往的监理经验，围绕质量监理常见的问题，对引发质量问题的原因进行总结，结合此工程实际和特点，分析质量风险，制定监理计划和措施，严格把控精细化管理的价值与作用。落实质量监理工作时，要根据质量监理工作要求和标准，围绕原材料采购和工艺运用等环节，配置充足有资质的人力资源，负责现场监督检查，把关工程的建造质量，为使用者提供优质的工程服务。

四、倡导积极向上的企业文化

不断地改进和完善管理制度，积极营造良好的用人与留人环境。与新入职的员工按时签订劳动合同，规范双方的权利和义务，办理档案关系转移、缴纳"五险二金"等，在日常工作中组织工程类相关职业资格考试、培训学习，逐步帮员工完善职业生涯规划工作等。充分发挥工会作用，定期评选先进个人和先进项目监理机构，组织开展有益于身心健康的文化体育活动，用公司的文化理念引导，教育员工保持积极向上的工作态度；推进人文关爱工作，做好职工生活和各项福利工作；对于刚毕业的学生，为其免费提供员工宿舍等；每年开展座谈会，关心员工的家庭生活，对困难职工进行帮扶等。

五、加强队伍廉洁自律工作

时刻将党建、党风廉政建设与企业经营管理深度融合，严格遵守党的政治纪律和政治规矩，从生产经营、行政办公和工程管理等方面强化职工的工作作风，切实增强规矩意识，严守纪律底线。对全员进行廉政教育，与每一位员工签订《廉洁自律、依法从业承诺书》，按照承诺要求，遵纪守法、诚信经营。

人才培养对监理企业发展的作用已经不言而喻，在当今竞争激烈的市场背景下，监理行业的服务方式与内容也将逐步转变为项目全过程的高端咨询技术服务和需求，服务人员也必将是管理+技术型的复合型人才。现在的监理企业面临着新的挑战和机遇，只有做好育人和留人，才能实现公司的高质量、可持续发展。

新形势下监理企业人才培养模式探讨

秦 雄

山西天地衡建设工程项目管理有限公司

摘 要： 随着我国建筑工程领域的不断发展、模式的不断创新，特别是"十四五"规划新基建的提出，对监理企业由单一的施工监理向多元化发展提出了更高的要求。如何培养能够适应新形势下的监理人才，是广大监理企业应该重视和摸索的。通过积极参与政府和行业培训、加大企业培训，开展企业间观摩互动交流，充分利用信息化网络平台及自媒体，结合企业未来发展方向，在培养监理企业核心人才的同时，以点带面，储备更多的综合型人才，以应对监理企业未来所面临的机遇和挑战。

关键词： 新形势；监理企业；人才培养

1988年建设部提出建立具有中国特色的建设监理制度，并在同年开展试点工作，至2022年，我国的工程监理工作已发展30多年。随着我国建筑工程领域的不断发展、模式的不断创新，特别是"十四五"规划中提出的新基建模式，使得工程监理企业由单一的施工监理向多元化发展迈进提出了更高的要求。

在工程监理30多年的发展过程中，培养出大批合格的、优秀的专业监理人才。这些人员大都经验丰富、熟悉各类施工验收规范，在施工过程中为委托方提供了优质的服务。但随着近年来我国建筑领域的不断改革创新，工程总承包和全过程咨询服务等模式的大力推广，特别是近年来监理企业开始逐步向全过程咨询企业的模式改革，在需要传统施工监理人员的同时，更需要有前期咨询、后期评估的专业人员，这就使得传统模式下培养的监理人员已经难以胜任新型模式下的委托任务。需要各监理企业去拓宽培养模式，储备纵横向一体的综合型监理人员。

一、传统模式监理企业人员

（一）传统模式监理人员

在过去，监理企业从业人员主要以企业、厂矿从事技术工种的退休人员或转业人员，以及各类大中专院校的毕业学生为主。

监理规范中明确规定，专业监理工程师要求具有工程类注册执业资格或中级职称及以上专业技术职称、两年及以上工程实践经验并经监理业务培训的人员担任；监理员要求中专及以上学历，经过监理业务培训的人员担任。退休人员或转业人员因在原企业从事某一工种，对某种专业较为熟悉，往往在原企业已经通过了中级职称评审，在进入监理企业经过监理业务培训后即可较快地进入角色，担任专业监理工程师开展现场监理工作。因此，这类人员在过去的监理企业中占有很大比重。大中专院校的毕业生虽然受了系统化的专业教育，理论知识较强，受监理规范任职条件限制以及缺乏施工现场实际经验，往往在监理企业中担任监理员职务。

（二）传统模式监理人才培养

1.行业定期培训

在过去各级住建部门、建筑业协会、监理协会每年均会组织多次专业培训、专业考核。监理人员通过参加此类培训，熟悉和掌握各类专业规范、标准、行政性条文等，对自身从业技能进行提升。通过参加各类专业技能考核，取得相应的执业资格证书，如见证员、监理工程师培训证书等，来实现自身从业的硬性条件。

这类培训、考核对监理从业人员的执业水平有一定的提升作用。但是受个人接受能力以及主观能动性、培训讲师的授课能力、专业相辅性等影响，提升幅度往往因人而异，参差不齐，效果并不理想。

2.企业集中教育

监理企业为了提升自身实力，提升企业品牌形象，就需要有实力过硬的监理人员去不断夯实。因此，监理企业也在不断地对企业员工开展专业培训。培训形式主要以集中培训为主，考核为辅。培训内容主要是各类施工验收规范、政府文件的学习。一般由企业技术负责人或技术能力突出的总监、外聘的专家进行宣讲。这类培训虽然目的明确，但培训受各项目人员时间限制，受培人员相对零散，没有持续性。

3.项目自主学习

监理人员基本在施工现场开展工作，从事工作受项目性质的不同，经验积累程度也有所不同。监理企业资质范围、所承接的业务决定了未来一段时期监理人员专业经验的积累。而项目各级人员所负责的专业、个人能力、学习动力、项目之间人员调动等因素，也对监理企业人才的培养产生了一定的影响。有的人在很长时间内只愿从事一种专业，有的人通过横向学习掌握了多专业技能。因此，项目的学习存在太多的不确定性。

二、新形势下监理企业人员需求

建筑业在经历了多年的高速发展后逐步进入了发展瓶颈。在新形势下，特别是"十四五"规划提出了新基建模式，为未来建筑业的发展指明了新的发展方向，同时也提出了更高的要求。监理企业在顺应新基建模式的发展下，在继续开展施工监理服务的同时，应采取纵向一体化发展，向上下游介入项目前期和后期开展服务；横向一体化发展，开展多专业协同服务。

监理企业新服务模式的推进，使得监理企业人员结构发生了大的变化。经过专业院校系统化理论教育的"科班生"将成为主力军，逐步取代传统模式下以企业、厂矿等退休人员转岗为监理人员的模式。随着近年来国家对注册执业资格类考试年限、报考限制条件的改革，这类"科班生"也相对更容易考取各种注册执业资格证书，从而满足企业的用人、用证需求。

三、新形势下监理企业人才培养模式方向

（一）参加上级部门组织的培训

有关政府部门和行业协会组织的各类培训均具有很强的针对性。监理企业应积极参加此类培训，这是一种补充企业短板，与同行业交流的机会。通过此类培训可以使得企业从业人员了解新的政策法规、执业要求，熟悉并掌握规范规程、技术标准、新工艺、新方法等。参加此类培训应重点以项目负责人或专业负责人为主，这类人员因直接从事管理岗位，只有了解最新的行业动态，掌握过硬的专业技能，才能更好地服务于项目，为企业树立形象。

（二）组织前瞻性培养

现在的监理企业大都开展了多种服务模式，例如工程监理、造价咨询、招标代理、项目管理等。未来监理企业向全过程咨询企业改革，必然需要大量的综合型人才。企业应选择部分核心人员开展多专业的培养，使这些核心人员在精通本专业技能的基础上，获得纵横向专业技能，向前后延伸，熟悉掌握招标投标、项目管理、工程代建的相关业务；横向学习，熟悉掌握造价审核、专业评估等技能。这类核心人员的培养应持续、连贯，通过开展重点理论研究、具体项目实践等形式，培养出能独当一面的小团队，再以该小团队组建班子，培养更多的小团队，将雪球逐步滚大。

（三）培养年轻血液

监理企业要想做大做强，必须要有自身的专业优势，努力创造特色服务和特色文化，充分挖掘自身专业优势的潜力，遵循"人无我有、人有我强、人强我新"的理念。人随着年龄的增长，拼搏进取的动力和激情会慢慢变淡，转而选择相对平稳的工作方式。这会导致企业在市场竞争中逐渐失去活力。应大胆起用年轻力量，充分利用年轻人对新兴事物的喜好程度和可接受程度，开展管理创新、经营创新、技术创新，让年轻人在工作中看到未来的发展方向和晋升空间。年轻人的工作热情会产生内在竞争动力，从而激励更多的人以提升自身能力来参与竞争，使企业内部产生良性发展氛围。

（四）加强对标交流

在监理企业发展的过程中，应与行业内一流的企业进行对照，找出差距，开展学习和赶超。监理企业可以多开展企业内部项目之间的交流活动，以及行业内的观摩交流活动。首先监理企业应组织员工到企业内管理突出的项目进行交流学习，让员工认识到自身的差距和

不足，改进自己的工作方法和管理能力，从而提升整个企业项目的管理水平。其次应组织员工积极参加行业内的观摩交流，通过向竞争对手或行业内一流企业进行学习，可以更好地让员工学习到先进、科学、合理的管理模式，实现补短板、强弱项、提能力。同时还应根据未来发展方向，组织员工进行跨行业、跨专业的交流学习，例如到咨询企业、造价审计企业、专业评估机构等进行交流，为监理企业未来的转型发展提前储备基础人才。

（五）充分利用信息化模式

信息化技术的飞速发展便捷了知识的获取渠道。现如今的培训模式已经逐步脱离了"教室"，向网络平台、自媒体视频方向迈进。监理企业应在过去培训模式的基础上，利用信息化技术带来的便捷，选择质量较好的自媒体平台、公众号等组织员工进行学习。既能避免占用工作时间，合理利用零散时间，提高工作效率，同时还能利用自媒体平台、公众号上更多的案例视频、动画、图片，使员工产生代入感。相对于书本讲解的枯燥，形象生动的视频、动画、图片更容易被员工所接受，吸收知识的程度也相对更高。

结语

监理企业要想面对未来的发展，长久地经营下去，就要顺应新形势下的改革方向。信息化发展时代使得各类专业服务、技术服务趋向透明化。信息化平台、自媒体、专业短视频等培训新模式已经日益成熟。监理企业应在明确企业经营思路、发展愿景的前提下，通过与行业内一流企业对标比较，根据自身实力选择符合自身特点又效果显著的培训模式，持续、健康地为企业培养核心人才，培养能力突出的管理团队，才能使企业在未来的市场竞争态势下更具实力和优势。

监理企业发展和让建造更智慧

——广东省首家"专精特新"工程监理企业的数字化转型人才队伍建设中新技术的学习及应用

罗小斌

广东鼎耀工程技术有限公司

摘　要：数字化大潮浩浩荡荡，新一代信息技术与建筑业融合不断加深，数字化转型与协同创新已成为工程监理企业必须要面对的大趋势。本文以提升建筑产业数字化转型的高效协同管理为目的，将数字化、智能化、基于BIM技术的数字建造全生命周期协同管理平台方法作为研究对象，通过鼎耀技术的自主研发、科技创新，由一家传统的工程监理企业成功转型为广东省首家"专精特新"数字建筑科技型企业的实践总结，以及针对智慧建造需要突破的关键技术，提出在工程项目全过程数字化支撑下，面向智慧建造的数字化思维、数字化路径以及数据驱动的智能BIM技术全过程应用，为工程监理企业实现项目管理数字化提供可行的技术路径和发展参考。

关键词：数字化转型；建造协同；数智化

一、数字化转型是工程监理企业的必然选择

自改革开放以来，中国经济持续高速增长，大规模的基础设施建设和房地产业的蓬勃发展，使监理行业走过了快速发展的30年。随着国家经济运行进入新常态，建筑产业已从高消耗、低产出的粗放型发展，面向高质量、可持续的发展方向进行结构性调整。新一代信息技术与建筑行业融合不断加深，在各种新技术、新材料、新理念的快速迭代

的发展背景下，所有监理企业都面临着前所未有的挑战。这不仅是监理企业打破旧有桎梏，开辟新的发展模式的内在迫切需求，也是企业面临外部环境剧烈变化，处于十字路口不得不作出的选择，更是企业为谋求更大发展必须紧跟时代步伐的客观规律。转型的最终结果，也势必引发监理行业新一轮的优胜劣汰。

（一）推动工程监理服务由施工阶段向价值链两端延伸，增加高附加值内容，是顺应市场的必然选择

目前的工程监理主要以施工阶段监

理服务为主，与国家最初倡导的工程咨询服务相差甚远。而随着建筑业从追求高速增长转向追求高质量发展，对于业主而言，迫切需要把原来仅仅在项目实施阶段提供的专业服务，向前延伸至项目策划、可行性研究阶段，向后延伸至项目运行、后评估阶段，从而使业主得到项目从立项、开发、建设到验收、运营、维护的全生命周期工程咨询服务。在新形势下，传统的工程咨询业务边界将越来越模糊，市场集成化咨询需求日益凸显，监理企业依靠传统发展模式将

难以为继。2017年2月21日《国务院办公厅关于促进建筑业持续健康发展的意见》提出，鼓励投资咨询、勘察、设计、监理、招标代理、造价等企业采取联合经营、并购重组等方式发展全过程工程咨询，培育一批具有国际水平的全过程工程咨询企业。2019年12月25日，住房和城乡建设部发布的《关于进一步加强房屋建筑和市政基础设施工程招标投标监管的指导意见》中也明确了"政府投资工程鼓励采用全过程工程咨询、工程总承包方式，减少招标投标层级""政府投资工程鼓励集中建设管理方式"。因此，无论是市场层面还是政府投资领域，都对项目全过程工程咨询有着巨大而迫切的需求（图1）。

（二）采用数字化技术，是监理行业提升服务价值和管理效益的必然选择

住房和城乡建设部在《"十四五"建筑业发展规划》中明确了建筑业未来发展方向及目标，并要求建筑业应健全数据交互和安全标准，强化设计、生产、施工各环节数字化协同，推动工程建设全过程数字化成果交付和应用。随着近几年工程项目建造智能化水平的逐渐提升，以及建筑领域不断涌现的人工智能和数字化技术，将会对传统的工程监理企业服务内容和方式提出新的挑战及创新要求。尤其是随着BIM、大数据、人工智能、物联网、云计算等新一代信息技术在建筑领域应用，以及企业后方知

识平台的支持，勘察、设计、施工、监理等各专业领域之间的准入门槛将不断降低，各专业之间的关联度、融入度、覆盖度将会在数据共享平台下融合成有机整体。原有的咨询、勘察、设计、监理、造价、招标代理等企业的众多业务会发生交织，工程监理企业必须与时俱进，积极投身接轨数字化技术对传统监理服务行业进行改造和升级，创造和利用不断涌现的高新技术来改造全过程工程咨询服务方式，优化企业管理流程，整合服务资源，集成服务要素，提升专业技术水平，从而达到提高企业系统性解决服务需求方案的供应能力之目的。作为工程监理企业，要想提高企业的生存能力、服务价值、管理效益，就必须积极拥抱新技术，勇敢面对数字化。

二、鼎耀技术转型成为广东省首家"专精特新"数字建筑科技型企业的实践经验

（一）保持清醒头脑，紧跟政策，及时向全过程咨询转型

2017年国务院办公厅出台了《国务院办公厅关于促进建筑业持续健康发展的意见》提出，完善工程建设组织模式，培育全过程工程咨询的要求。公司决策层决定暂时停止承接新的房地产监理业务，开始研究全过程工程咨询模式，公司绝大部分员工都觉得非常难理解。彼

时全国各地房地产开发正如火如荼，且房地产项目占了公司业务量90%左右，但公司决策层已经对当时业务来源和人员结构的单一化感到担忧。后随着《关于促进工程监理行业转型升级创新发展的意见》《关于开展全过程工程咨询试点工作的通知》等文件相继出台，鼎耀技术更是以敏锐的目光看到了企业转型发展的方向，立即开始深入研究全过程工程咨询服务的理念和内涵及操作规程，调集公司的精兵强将成立了全过程咨询事业部，为客户提供全方位优质咨询服务。得益于这次及时的转型，鼎耀技术成为广东省首批全过程工程咨询项目企业、佛山市第一批全过程工程咨询试点企业。由此，鼎耀技术在转型的道路上迈开了坚实的第一步。

（二）自主研发以BIM技术为核心的数字化协同管理平台，坚定走数字化转型之路

伴随信息化技术的提升与社会发展的加速，各个行业目前热议的已经不再是该不该进行数字化转型，而是该如何转型。但探索数字化转型升级的过程非常艰难，一来是数字化本身的技术壁垒，二来是需要投入大量资金和精力去研发。鼎耀技术的数字化道路经历了四个阶段：

1. 需求分析阶段：在开始自主研发之前，公司对BIM技术的需求进行深入的分析和规划。包括了解当时市场和建筑行业的需求，明确技术研发的目标和方向，以及制定相应的研发计划和策略。在此阶段，建立创建数据模型，定义数据交换企业标准，以及确定如何采集和管理数据。

2. 应用和实践阶段：在第二阶段，BIM技术开始被广泛应用在全过程工程咨询项目各种设计、施工、监理过程

2016—2021年监理
收入增长率

↑ 55.73%

2016—2021年其他业务
收入增长率

（勘察设计、招标代理、造价咨询、
全过程咨询等）

↑ 387.31%

18.16%
2021年监理收入在建筑
咨询服务中占比

图1 监理行业收入发展现状（数据来源：2022年全国建设工程监理统计公报）

中。例如，利用BIM模型验证设计方案和碰撞检查，进行工序可视化交底，验证施工计划，执行施工过程。此阶段可能会遇到许多实际操作中的问题，如数据交换的兼容性问题、用户接受度问题等，解决这些问题需要不断的实践和改进（图2）。

3. 优化和扩展阶段：在第三阶段，公司自主研发了"BIM数字化协同管理平台"，包括系统设计、整体架构、功能模块、界面布局等，目的是实现建设工程的全方位、全过程、全生命周期的数字化智慧管理，以达到高效率、高质量的协同管理目的。

4. BIM技术数智化阶段：在第四阶段，深入研发了"BIM+"技术与物联网、人工智能、云计算、大数据等技术的深入融合，逐步向数字化、智能化的BIM技术进行迭代和发展。以全过程管理模式为理念集成IOT、AI、无人机等软硬件将各种智能化设备通过互联网连接起来，使各种设备能够自动交换信息、触发动作和实施控制，实现项目全生命周期数据的智能感知、识别、采集、定位、跟踪、传输、监控和管理，实现项目全生命周期的海量异构数据的融合、存储、挖掘和分析，实现协同管理平台数据的实时汇总和AI智能分析算法，支持智能建造、智慧管理，形成房建、市政、水利等各类项目独特的数字化管理方法（图3）。

（三）将数字化服务产品化，向"专精特新"企业转型

鼎耀技术凭借着数字建筑核心技术的专业化、精细化、特色化和新颖化，获得了广东省工业和信息化厅批准，2021年度成为广东省"专精特新"企业，也是广东省内首家获得"专精特新"称号的工程监理企业。鼎耀技术目前已形成了六大服务产品：工程全过程项目管理、BIM技术咨询、设计咨询、工程造价咨询、数字化工程监理、同步预防及跟踪审计。六大"产品"，结合数字化技术，通过打造标准化的服务和流程，为业主提供有清晰考核标准的个性化咨询服务。鼎耀技术自主研发的"建筑神经网络信息模型体系"将BIM、GIS、AI、VR、无人机、物联网、人工智能等在内的新一代信息技术手段应用于各项咨询服务产品中，可用于项目的前期准备、施工过程管理、竣工验收及运营维护等阶段。

三、鼎耀数字建造协同管理平台项目成功应用案例

（一）项目概况

桂城街道灯湖片区水质净化厂项目总投资11亿元左右，建设期为两年，建设内容为新建一座地下式水质净化厂和地上公园，设计规模10.0万 m³/d。主要包括新建水质净化厂的污水处理设施、污泥处理设施、生产辅助设施以及地面公园绿化景观等。采用总承包＋运营（EPC+O）模式，出水水质达标且达到设计生产能力正式进入运营期，工程运营周期为5年，要求污水处理设施运行正常无故障，设备要达到设计运营的生产能力，且出水水质主要指标执行国家排放标准。

图2 基于BIM技术的全生命周期应用

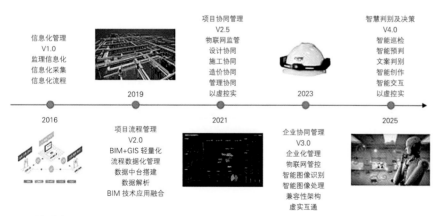

图3 鼎耀数字化BIM协同平台研发路径

（二）数字化 BIM 协同管理平台支撑

鼎耀数字化 BIM 协同管理平台与云数据中心是智慧建造的管理支撑，也是工程全过程项目管理的重要基础，作为面向各参建方的信息共享平台提供工程项目全生命周期 BIM 创建、管理和应用机制，实现项目全生命周期各阶段、各参与方和各专业数据共享和无损传递。提供协同管理工作和业务逻辑控制机制，实现业主、勘察、设计、施工、监理、检测、运维等多参与方协同工作及其业务流程组织与调度。平台研发形成图形引擎、数据引擎、物联网集成引擎等数据中心，并且以数据服务、图形服务、界面服务和配置服务的形式，形成了面向设计、施工、造价、监理、运维应用的模块化服务体系。

（三）全过程数字化管理

1. 质量管理方面。通过三维碰撞 + 仿真模拟 + "AR+ 三维扫描"把控质量成果；通过平台实现设计问题协同，确保设计质量；通过平台进行施工交底，精准把控施工工序；通过平台协同明确成品质量记录及成品维护方案。利用平台 AR 增强现实技术，通过 IPAD 实现 BIM 模型与现场模型的同框对比，校核施工成品与模型的一致性，通过 AR 增强现实技术替换传统图纸验收，将三维模型与现场施工融合校验，提高施工成品与模型的精准性。

2. 进度管理方面。通过全景照片记录施工过程，远程查看施工进度及历史对比，实现远程掌握施工进度；通过历史全景进行问题标记，派发问题表单，对应施工人员实时跟进。平台实时汇集的数据自动对比施工总进度计划、月进度计划，了解进度的提前及滞后情况，并根据滞后的原因及时做出纠偏措施，结合 BIM 模型形成形象进度展示，直观展示项目进度。

3. 安全管理方面。利用智能安全帽进行巡检，通过适配外挂式记录仪硬件，实现实时定位、远程指挥、巡检对讲，有效管控多角色作业情况、防范项目风险，通过平台 AI 算法智能判断安全隐患和安全风险，并一键生成整改通知单。

4. 造价管理方面。通过轻量化 BIM 引擎为基础，精细化模型为核心，以"BIM+ 数字孪生"提供数据赋能，实现高性能的电子计量平台，审核不限速，账目笔笔清。

5. 资料管理方面。利用平台图模模块，保证 BIM 三维模型与 CAD 二维图纸同步，通过点击三维模型获取该楼层或构件 CAD 图纸，确保图纸模型的一致性。平台通过电子签章，简化盖章签字的流程，提高效率、安全性以及合规性，实现无纸化办公，节约资源和保护环境。

平台基于表单组卷自动化技术以及无纸化流程，结合国家档案编制规范指南，规范文件资料并赋予编号，实现资料归档管理一体化，保障信息真实性和完整性。

结语

自我国正式推行建设工程监理制度以来，监理企业已经成为建筑领域一支极为重要的力量。工程监理企业的数智化发展是行业未来的趋势，数智化不仅是相关监理企业设备和装备的升级换代，更要不断开拓创新思维、提高创新能力、完善创新机制。传统工程监理企业在实现数字化转型过程中必然会面临许多挑战和阵痛，包括资金、技术、人才、路线等，也很难寻找到完全相同的转型方案。面对数字化转型，要坚持走智慧监理、数字化监理的正确发展道路。通过自主研发信息化软件系统，结合 BIM 等信息化技术，监理企业可以提高监理效率、优化资源配置、增强协同能力和实现精细化管理。同时，借助成功案例的启示，更多的监理企业可以加快数智化转型步伐，提升服务和管理水平，为建筑行业的持续发展贡献力量。

关于建设监理创新发展的几点思考

王 欣 周 鹏

西安铁一院工程咨询管理有限公司

工程监理制度是中国特色建设管理体制的创新产物，30年来，在工程建设领域发挥了不可替代的作用。然而建设单位与社会各界对监理工程师多有误解，社会大众对其诟病，固然有极个别工程师违规或腐败，但绝大多数监理工程师仍是监督管理的核心力量，常年履职在工程建设第一线，为保证我国工程建设质量，提高建筑业效益，促进国民经济发展做出了卓越贡献。

本文试着从分析本源出发，探讨建设监理创新发展的几个关键问题。

一、回归监理工作本源的思考

社会大众对监理工程师多有误解，不良宣传造成诟病颇深，其根本原因是建设管理体制、机制造成的。只要仍采用人盯人，过程及流程条件下最细分的工程检验批、材料进场验收制度模式，这种误解或诟病就很难改善。

笔者结合参与的中外合作联合体模式项目，分析和提炼公司承担的秘鲁利马地铁2号线综合监理任务的体验及经验，结合外方咨询工程师、外方总监职责及工作边界范围，提出如下建议。

建议国家建设主管部门、监理协会、学者及有识之士呼吁：对监理工程

师的工作方式提出改进措施。

1. 将步步监督方式调整为设置重点环节监控，非全部覆盖，仅包含各方认可的重点环节，让责任主体——施工承包商真正承担自控职责。

建议建设主管部门核定最低监控数量及范围，并对监控数量上限做出原则性约定；施工建设中普通检验批、常规性材料及设备由施工承包商自检自控，以落实和夯实主体责任，减少对监理工程师的依赖。

2. 将项目管理中实施策划、监控实施秩序作为重点，发挥施工承包商质量保证体系、环境保证体系、职业健康安全管理保证体系的作用。

监理工程师宏观把控项目施工建设策划，并对实施建设秩序定期提交《阶段性评估》和《监控报告》，发挥施工承包商的主动性、自觉性，由施工承包商对其所有行为全权负责。

监理工程师确认是否或均不减免施工承包商的任何责任。

3. 改进对监理工程师的考核评价。建议推行监理工程师"履职透明化"和"服务简约化"。

要求监理工程师在册、在岗、考勤、人证合一、实施履职定位地理确认等完全"透明化"，实施电子登记方式，建设单位及建设主管部门共享数据。

监理工程师"服务简约化"，要求通过监理报告、监理指令、监理行为记录、策划统筹、监控项目运行的评估报告等简洁化手段，让监理服务结果适度与实施实体状况脱钩，使施工承包商无法依赖。

4. 监理工程师应用信息化手段和综合装备，以数据、图像、模拟建造等创新方式实施"交互式监理"[1]，提高总控能力和实施效果。

5. 用"合规性监督"替代"安全管理的法定职责"，提升综合管控能力，在合规体系管理方面发力，形成新的监理工程师职责范围（图1）。

安全管理职责应该具有唯一性，唯一责任单位就是施工承包商；若需要监理工程师履行安全职责，则是在履行"建设单位首责制"条件下的安全辅助管理，取消监理工程师安全法定职责，调整对五方责任主体的不恰当认知，改善目前"人人有责任，人人不担责"的现状。

6. 对监理业务进行扩展及升级，实施以"监管一体""监管造一体""招监造管一体"等形式的全咨模式，以全咨业务带动监理业务创新发展。

二、对监理企业发展策略的思考

监理工程师与监理企业是个体与母

体的依存关系，母体不强个体很难有作为；个体及团队素养不足，则母体很难赢得口碑实施创新发展战略。

目前虽然各界对监理企业转型发展多有论述，但监理企业管理者并非全都有统一和清晰的认识和思考。

1. 从监理企业转型发展、创新发展角度分析，需要首先确立发展目标，以目标为牵引，探索创新发展路径和方法，以指导实践（图2）。

2. 确立发展目标。按照分层、分类发展思路，可以预测的发展目标为：

1）大型及综合性监理企业转型做全过程工程咨询（以下简称"全咨"）业务，以及传统监理业务（全咨业务占比超过1/3或更多），公司转型为全咨企业（向高端延伸的同时，向中端兼容）。

2）中型及专业特色鲜明的监理企业在熟悉的领域做精做尖，做出特色，做到"人无我有，人有我有，服务特色明显，赓续文化血脉"。

3）小型及细分领域监理企业既做补充，也做特定类型、特定领域、特殊专业的监理业务。

3. 发展策略分析。确定发展目标后，需要结合企业自身优势（S）与劣势（W）、外部环境机遇（O）与威胁（T），进行 SWOT 分析，制定创新发展策略，并结合发展阶段进行必要的调整。

4. 双向奔赴努力。需要通过政策引导和监管、监理企业自身努力，实现双向奔赴。

市场引导和监管方面：一方面对于细小、零散或特色明显的监理或相关服务，应该采取限制大企业竞标的措施，保护中小企业市场利益和发展空间，使各类企业均有作为；另一方面强化要求大型综合性监理企业承担社会责任，做诚信监理典范，保证监理工程师基本休假、劳动保护、执业责任保险等政策落实，以及对于违规违法加大处罚力度纠错纠违等。

监理企业自身应从业务拓展、人才培养、技术装备、组织创新、文化塑造等多方面实现提升，从业务标准化走向信息化，从信息化走向数字化和智能化。

5. 付诸实施，以点带面，全面总结，落实革新措施。最后就是需要付诸实践，以试点项目为抓手，实施创新，并不断总结提升，结合新业务需要改进组织模式、革新工作流程、培育创新人才，实现新跨越。

三、工程监理的市场定位再思考

工程监理市场定位：在施工建设阶段履行监督和管理职责的单位，但履责范围和深度需要调整，凸显责任主体是消除目前社会上对监理诟病和建设单位对监理机构评价不高的重大变革措施。

建设单位拥有工程建设的八个身份：总策划者、总组织者、总协调者、总决策者、总管理者、总控制者、总计划者、总集成者，具有不可替代性。

作为"建设管家"的监理单位，实际上是履行了建设单位的部分职责，所有监理工程师的职权均是建设单位所授。

区别于以往的单阶段——施工阶段，应该赋予监理工程师实施全过程监理的权力，即包含勘察设计、招标采购、施工建设全过程的监理。

监理工程师履职实施的重点是建设实施阶段的策划及控制，例如勘察设计、招标采购、施工建设的平稳衔接，为运维提供更高的便捷性，有效降低运维成本和整个项目全生命周期的总费用。

建设实施阶段的控制在于应用控制理论，对标目标标准，提出改进意见，落实纠偏措施，使项目建设始终处于可控状态。国家发展改革委已经发布了《政府投资项目可行性研究报告编写通用大纲（2023年版）》《企业投资项目可行性研究报告编写参考大纲（2023年版）》等文件，以提高和促进投资决策的科学性。为此监理工程师应以投资项目全生

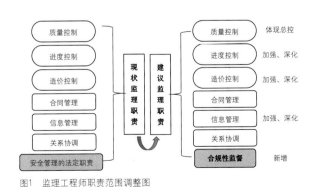

图1　监理工程师职责范围调整图

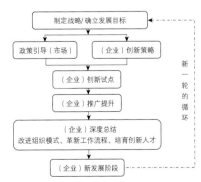

图2　监理企业转型发展流程图

命周期理论、控制理论为基础开展建设实施全过程的策划及控制工作。

对建设实施阶段的策划及控制进一步分析，可概括为三个方面：

1. 勘察设计阶段价值实现性认知：勘察为设计服务，先有设计方案再布置勘察方案，勘察实施成果验证设计方案的有效性，适度修正设计方案，让设计方案更加易落地、易实施。

在设计阶段，技术经济比较和价值分析是必须的，聚焦到建筑美学与项目功能实现平衡性与和谐统一，不得片面强调某一方面；设计成果不仅要满足相关规范要求，还要在建造成本上具有竞争力，更需要为招标采购和施工建设提供好的衔接和便利，同时设计成果也需要便于表达和理解，设计成果本身与技术服务应衔接为一体。

2. 招标采购是政策法规落地与市场交易等价交换落地的关键环节。招标采购有助于平衡权责和体现平等、自愿、公平、诚信、守法、绿色的法治精神：提高发包人要求的编写水平，明晰投资项目的范围、功能、工期、质量、价款等关键要素；市场交易具有竞争性，把市场能够确定的事项交给市场，市场出现失衡或严重失衡则需要进行行政干预和校正；监理工程师要做公平竞争的秩序维护者，也要做受托人交易合规性的咨询顾问。

3. 施工建设监理的广度与深度平衡调整。施工合同管理与控制需要讲求策略，不能事无巨细，对参建承包商评价应客观。加强进度控制，提升项目策划和总控能力（含纠偏）。提高造价控制技能，发挥造价工程师和监理工程师的协同作用。纠正非必要的实施监督义务，如职业健康、进城务工人员工资保障、

重大公共事件及应急事件、代理或代替建设方办理项目建设相关手续等均不应纳入监理范围。将施工安全法定责任调整出监理职业范围，将承包商的合规履职纳入监督考核范围等。

通过以上范围及措施的调整，重塑监理工程师的社会定位，在高质量发展的时代，焕发全体监理工程师的热忱，为我国建筑业、咨询服务业的创新发展做出更大的贡献。

四、信息化手段应用的思考

（一）"单兵作战"和"集成协同"相得益彰

1. "单兵作战"，指监理工程师使用现代化的通信手段和工具装备，单人即可完成监理行为。

1）充分利用监理工程师个人手机、手持平板电脑等工具，实施信息采集、编辑上传、资料查询等功能，体现即时性、便捷性。

2）开发智能安全帽、智能眼镜、智能感知穿戴装备等拓展性工具，提升监理工程师单兵感知、感触，增强其手、眼、耳、皮肤、大脑的感知力。

3）制定"单兵作战"的基本规则要求，以提高监理工作准确性和全面性为目的，在确保监理工程师身体健康、安全生产的前提下，发挥装备便捷性，增强监理工程师对现场巡视、检查、验收、量测等基本作业的处理能力，依靠其自身的经验知识，运用随身穿戴装备实测实量并拍摄视频照片信息，现场作出判断。

2. "集成协同"，指监理工程师团队（如小组、项目部）协同完成监理组织行为。

1）将显示大屏、视频设备等作为

监理工作信息采集、处理、成果展示和查询的工具。

2）为现场视频（远程会议）设备、无人机、执法记录仪、传感器系统等装备配备信息采集、处理、感知、警示等软硬件系统，可与智慧工地、政府监管平台、业主管理等系统互联互通。

3）系统既可以由监理团队独立运行，也可与建设单位、施工及其他参建单位建立跨组织平台，协同工作。

4）陕西省建设监理行业采用的"总监宝""监理通""筑术云"等综合管理平台系统，基本具备了"集成协同"的效果，但仍需要迭代和提升。

3. "单兵作战"与"集成协同"相互促进，相得益彰，共同发挥工程监理作用。

4. 为实施"单兵作战"与"集成协同"所需的装备：①人手一部手机；②平板电脑，按照监理小组或者重点工点配置；③无人机、远程会议、传感器系统等根据项目重要程度及项目在公司的优先级，考虑共享配置或者按照区域进行配置；④智能穿戴装备可以考虑按照监理小组配置给专业监理工程师负责人，并根据市场采购价格，逐步普及；⑤"总监宝""监理通"等软件，部署在公司总部，远程访问，交互提供信息和反馈。

（二）BIM技术深入应用

BIM技术使正向设计、精益建造、科学运维等成为可能，注重BIM技术支持下的监理手段提升，有利于监理水平发挥，增强监理技能，提高效率及效益，改善常规手段的漏洞，整体提升项目建设质量和效益。

1. BIM技术支持下的监理方法

1）基于BIM技术的监理工作信息

化平台构建：发挥 BIM 技术应用优势，结合监理机构的工作内容及新时代对监理工作的信息化要求，构建基于 BIM 技术的监理工作信息化平台。

标准化的人员及装备配置、规范化的监理行为要求、流程化的控制要求、系统化风险感知体系、监理成果的显性化应用等，都将在监理工作信息化平台上逐一实现[2]。

2）基于 BIM 技术的质量监理。根据建模与数据标准，提升数据或模型信息质量，包括精细度、数据转换、模型转换权限等，使各专业设计有效衔接；通过 BIM 模拟在方案比选、效果展示、仿真、漫游等方面的深度应用，有效拓展监理工程师视野，实现与勘察设计师、一级建造师、一级造价师的平等对话，为方案选择、设备选型、材料筛查、管线碰撞、限界及净空确认等提供辅助服务；在现场扫描、自动化及无人机监测等手段的支持下，收集质量信息并加以利用；也可采用 BIM 预控手段，对易发质量通病设置预设条件或预警措施，提高质量监理效果。

3）BIM 模型在安全监理、进度控制等方面均有应用的巨大空间。

2. 对 BIM 技术应用的客观认识

1）BIM 模型本身不产生价值，模型应用产生价值。

2）在监理工程师团队中吸纳 BIM 工程师，因其薪酬、软硬件配置、教育培训等标准均远远高于监理工程师，增加了公司控制运行成本的难度，按照项

目群或项目集配置是有效的探索思路。

3）BIM 只是工具，基础仍依赖于专业技术，尤其是在新时代科技发展加速推进下，建筑业所涉及的各专业领域均有较大技术应用空间和管理创新，需要监理工程师持续学习和提升应用水平。

五、以建设方视角的项目管理统筹来看待监理业务

建设方的视角，就是客户的视角，是监理服务对象的视角，只有从这个视角看待监理业务，才可能实现和体现"以人为本，以客户为中心的价值服务"理念。基于建设方视角的项目管理统筹视角，就是全过程工程咨询的视角，以升维视角看待降维的业务，往往就能够一眼看到事物的本质。

以建设方视角统筹工程建设全局，监理工程师才能由"工匠管理者"转变为"工程卫士"或"建设管家"。

基于建设方视角的项目管理最根本的任务就是要在项目建设阶段做好建设方案统筹策划，为项目建设争取较好的外部环境，为项目建设内部秩序——合同秩序，营造团结协作的工作机制和氛围。以这样的"建设管家"视角看待目前的监理业务，就会发现监理工程师及其团队的巨大差距，分别表现在：工程监理仅服务于施工建设阶段，而市场需求是建设实施阶段（包含勘察设计、招标采购、施工建设、竣工移交、缺陷责任期多阶段）。工程监理所开展的监理

规划（策划）→专业监理实施细则→监理实操管理→项目监理总结报告等系列流程性业务，属于实操层级的执行者；市场所需或客户期望的是全局性掌握的"管家"，具有策划能力和建设秩序创建能力的"咨询顾问"，他们的任务及工作流程，在于更高层级的 PDCA 循环，即项目建设方案构思→了解决策背景基础上的项目建设实施方案策划→选择项目承发包模式和咨询服务方式→建立项目实施阶段合同体系和管控秩序→定期评估体系要求落实和执行效果→系统性或阶段性总结成果。

如此就引发出工程监理的市场定位问题，也是回归监理工作本源的问题。

结语

近年来，工程建设领域不断深化改革，各监理企业均有转型升级的强烈愿望，其转型升级应从监理本源出发，建议调整监理工作职责范围，使用信息化手段提升监理综合效能，既做"工程卫士"，又当"工程管家"。在创新发展中争当"排头兵"，重塑监理工程师的社会地位。

参考文献

[1] 黄建，吕彦朋，王佳琦，等. 基于信息化技术的高速铁路工程监理模式研究 [J]. 中国铁路，2023 (3)：63-67.
[2] 焦凤芹. 基于 BIM 技术的信息化监理方法探讨 [J]. 智能城市，2019，5 (4)：65-66.

新常态下建设监理行业存在的问题与可持续发展对策探究

袁达成

湖北广域建设管理有限公司

摘　要：我国推行工程建设监理制度35年以来，监理企业在提高工程建设质量、发挥投资效益、加快建设进度、加强安全监督、确保国家重点工程建设和工程合同的实施等方面都发挥了重要的作用，工程监理行业也赢得了社会的广泛认同，绝大多数建设单位由被动接受监理转向主动选择监理。但是，我国的监理服务在相当程度上还在较低的水平上徘徊，距离当时推行监理制度的初衷还有一定的差距。目前，我国工程监理行业在发展中也存在着一些问题，需要进行深入的思考和解决。本文针对建设监理行业存在的突出问题，引发一些思考并提出建议，为监理行业可持续发展提供借鉴。

关键词：新常态；监理行业；现状及问题；可持续发展；对策

我国自1988年推行建设监理制度以来，经历了准备、试点、稳步发展和全面推广四个发展阶段，最初构想是对工程建设实施全过程、全方位的监理。其宗旨是利用具有建设行业专业知识的复合型人才，在建设工程的全过程发挥专业特长，为国家的经济建设更好地服务。同时，也是与国际接轨的必然举措。随着我国工程监理制度的推行和发展，监理行业已经形成了一定的规模，在确保国家重点工程建设和工程合同的实施等方面都发挥了重要作用。但是经过35年的发展，目前已进入了一个关键时期，监理行业存在的问题和弊端越来越凸显，监理企业的快速发展与国际接轨遇到了极大的挑战和阻力。探索监理行业如何可持续发展是一个热门课题。

一、监理行业的现状

我国实行建设监理制度以来，在提高建设工程投资决策科学化水平、规范工程建设、参与各方的建设行为、促使承建单位保证工程质量和使用安全、实现建设工程投资收益最大化等方面，收到了比较显著的效果，得到了社会和政府的承认，并且取得了较好的经济效益和社会效益。

（一）建设监理法律、法规、规范框架体系已基本形成

明确了建设监理的法律地位，确立了监理单位市场主体地位。监理工作开始走上规范化轨道，形成了监理资质管理和培训制度。明确了建设监理范围和规范标准，形成了监理取费的价格体系。

（二）各参建方建设行为得到了规范

创建了一批优质监理工程，实施监理的多数工程，质量、投资和进度普遍得到了保证。积累了丰富的建设监理经验，形成了一支不可缺少的建设监理工程师队伍。

（三）工程建设监理制度已深入人心

监理的需求市场正在逐步成熟，虽然绝大部分监理企业服务范围基本上是工程项目施工阶段的监理工作，但经过多年发展及国家政策扶持，建设监理服务范围不断扩大，并且出现了工程前期咨询、设计监理、勘察监理、招标代理、施工监理、造价咨询项目全过程管理等新的服务范围，监理行业的服务理念逐渐从传统的检查和监督，转变为以项目管理为中心的全过程服务。

二、监理行业存在的问题

虽然现阶段的建设监理取得了较好效益，但是随着工程项目投资主体的多元化和建筑市场的国际化，建设监理企业原有的管理体制和方法已不能满足新形势下业主多元化和系统化的需求。我国的监理服务在相当程度上还在较低水平上徘徊，距离当时推行建设监理制度对工程建设实施全过程、全方位监理的初衷，还有一定的差距。建设工程监理企业发展后劲不足，与世界实力强大的咨询企业同台共舞，面临着极大的挑战。

（一）市场

长期以来，由于我国监理企业市场准入制度的宽松和监管不力，以及市场退出制度的缺失，监理企业的数量膨胀，工程建设任务不足，承揽业务竞争激烈，造成招标投标行为不规范，暗箱操作、规避招标、假招标、低价竞标的情况屡禁不止，监理企业之间的恶性竞争和相互压价导致监理服务质量下降，监理企业竞争力下降。近年来，受国家经济下行压力等影响，监理行业持续低迷。

（二）价格

我国的建设监理取费标准低于国际标准，监理的收费标准普遍低于设计和其他咨询服务行业，而且又增加了安全控制、见证取样、施工旁站等监理工作任务，明显不适应现阶段监理工作实际。监理收费过低，导致企业无法吸引高素质的监理人才，企业经营困难，技术人员流失，技术储备和设备建设不足，严重制约了监理企业发展，同时也大大降低了监理服务的质量，致使监理企业严重缺乏发展后劲，监理市场压价行为又造成监理行业发展的恶性循环。

（三）人才

监理行业缺乏高素质的监理工程师队伍，监理服务水平较低。目前我国监理人员主要有两类：一是设计、施工单位退休的工程师和技术工人。这些人有丰富的设计与施工实践经验，但是由于年龄较大，缺乏充沛的精力，对新知识的接受能力相对较差。二是新招聘大中专院校毕业生。这些毕业生年轻好学，但缺乏专业实际工作能力和现场协调能力。监理工程师应该是专业技能较高、身体条件好、实践经验丰富、交流沟通能力强的复合型人才，但是由于监理人员待遇不能有效提高，难以找到合适的人才，即使找到了也难留住。现阶段监理持证人员未上岗、上岗人员无证、人证分离现象较为普遍，仅靠临时聘用人员来应急，造成监理工作不到位，工作质量无法保证等现象。

（四）服务

监理企业管理手段相对滞后，服务对象单一，只对建设单位提供管理服务，制约了监理业务的全面开展。监理的工作范围及内容狭小，绝大部分建设监理企业从事的是施工阶段的监理，未介入前期阶段使得监理在功能策划、可行性研究、完善设计图纸等方面的能力明显不足，导致施工阶段设计变更多，工期失控，甚至影响工程质量。

三、监理行业可持续发展的对策

目前我国监理企业业务范围单一，大部分仅限于工程施工阶段监理，满足不了全过程项目管理需要。大多数监理企业的规模、技术储备、高素质人才储备等方面同国际大型咨询公司的差距还很大。监理行业可持续发展需要政府扶持、行业协会助力、企业创新驱动"三驾马车"。

（一）政府部门建立健全工程监理法律、法规，加强监理市场监管，规范监理行为，营造风清气正的营商环境

开展治理低价竞争行为，把规范监理收费行为作为工程监理市场监管的重点，并对监理服务收费行为进行重点监管，共同抵制不执行监理收费标准的行为。严格按照法律、法规的规定组织开展招标活动，评标专家在评标时应当依据国家法律、法规和评标规则作出公正的评判。对于超出监理收费标准范围和违反《价格法》的监理投标标书应当予以否决。

（二）行业协会提升服务水平，助力企业发展

监理行业协会作为行业自律性社团组织，应当成为监理企业的知心朋友，热情为监理市场主体服务，实施"服务、维权、协调、自律"四大职能，积极探索和实践政府强制性监理和企业市场化运作相结合的工程监理之路，努力适应新形势的要求，深入实际，着重围绕工

程监理行业发展中的共性问题，广泛开展调查研究，提出政策性建议，在行业发展规划的编制、行业改革创新、法律法规研究制定等方面，当好政府的参谋和助手。围绕规范工程监理市场秩序，突出抓好监理行业诚信体系建设，开展行业自律，为工程监理行业保驾护航。建立和完善行业技术规范体系，规范监理企业执业行为，加强企业和执业人员的动态管理，服务支持企业做大做强。

（三）企业内强素质，外树形象，适应新常态发展

1. 建立现代企业管理制度。按自主经营的股份制、合伙制、有限责任等多种组织形式进行运作，真正成为以一业为主、多种经营服务的综合性工程项目咨询机构。采用现代管理技术、管理方式和管理手段开展工作，培育企业的核心竞争力和品牌效应。不断深化企业内部人事、用工、分配三项制度改革，形成吸引人才、留住人才、用好人才、培养人才的良好机制。通过薪酬设计和绩效考核来调动员工积极性。通过职业生涯设计，满足员工在不同阶段、不同层次的需求，使企业员工具有获得感、幸福感和安全感。

2. 加强人才培养及管理。监理提供的是智力型服务，企业的核心资源就是监理工程师。因此，监理工程师必须是一种复合型人才，不仅需要较高的专业能力和丰富的工程建设实践经验、较高的政策水平、较好的交流沟通艺术和良好的职业道德品质，不仅能对工程建设进行监督管理，提出指导性意见，而且还要能够组织协调与工程建设有关的多方共同完成工程建设任务。监理企业必须以人为本，对从业人员进行系统培训和科学管理，不断提高监理从业人员的综合素质，使其持证上岗并能勤奋敬业，树立为客户提供满意服务的良好品质。

3. 培育企业文化。树立社会效益和经济效益并重的价值观，增强企业的凝聚力、向心力和市场竞争力。企业文化建设的战略重点，首先应该是企业经营的理念、企业的价值取向和企业管理。其中，企业的管理制度要有利于营造员工奋发向上、实现员工个体价值的环境空间，领导者个人要有良好品质、务实作风和开拓精神，能起到表率作用。其次是企业内在的凝聚力。团队精神的培育和塑造的动力来自利益的一致性，企业、员工利益的一致才会产生向心力、凝聚力。一个具有和谐、敬业、奋发的团队精神的企业，才可能成为在市场上有持续竞争力的企业。培养创新能力，推动企业与员工走上良性互动、健康发展的道路。

4. 内延外联，扩大规模。监理企业必须千方百计扩大规模，将建设工程项目代建、监理、咨询、招标、设计、造价等相关业务有机地串联在一起，形成全过程工程项目管理"服务链"，为客户提供全过程一站式的工程管理服务，走具有特色的专业化咨询服务之路。挖掘内部潜力，在项目部加强成本管理，发挥减员增效的积极性，扩大原始积累，增加技术储备，壮大经济实力。可以寻找多家监理公司，优势互补，成立总承包公司或项目管理公司。发挥各自的特长，如把具有设计、施工、基建管理背景的监理公司进行合并，抱团发展，打"组合拳"。也可采用动态联盟的形式，由两家或两家以上的监理公司组成互惠互利的合作组织，通过各种协作、契约而结成的优势互补、风险共担的双向或多向的合作模式，实现占领和扩大市场预期目标。

当前，我国工程监理行业存在的问题，需要我们在政策上和实践上共同探讨、研究和解决，需要政府制定和完善相关法律、法规和政策标准，加强监理行业的规范管理；需要行业协会充分发挥参谋助手作用；同时，也需要监理企业自身不断创新，建立更加完善的管理机制，加强职业道德规范和监督义务，提高企业核心竞争力，共同促进监理行业可持续发展，从而推动监理产业高质量发展。

参考文献

[1] 孟慧敏. 浅析国内外监理行业的发展及对比 [J]. 科学与财富, 2013 (3).

[2] 戴爱军. 建设工程监理现状分析及发展方向初探 [J]. 建设监理, 2013 (8).

建筑工程监理中的难点及应对策略探讨

曹雨佳

鑫诚建设监理咨询有限公司

摘　要： 由于我国现代化的监理机制建立和推行时间相对较短，监理市场仍存在许多需要改进的地方，这给监理工作人员带来了不小的挑战。本文首先剖析了建筑工程监理的难点，详细阐述了监理的主要工作内容及对质量控制的把握。其次，讨论了监理制度的优化和完善，以及针对这些难点的应对策略，以期为建筑行业的工作人员提供一定的指导。为了完善监理市场，提高监理工作效能，需要不断总结经验，积极借鉴国际先进水平，推动我国建筑业的持续发展。

关键词： 建筑工程；监理；难点及对策

随着中国城镇化的快速推进，建筑工程项目数量和规模大幅增加。在这样的背景下，如何在确保工程质量的同时，有效控制工程成本，并兼顾工程周期，成了建筑行业企业和研究工作者关注的重点。这不仅对完善监理市场具有重要意义，也为建筑行业政策的制定提供了重要参考。本文将对此进行深入分析，探究如何通过工程监理，实现建筑工程的成本控制和周期管理，为建筑业的持续发展提供有益的思路和方法。

一、建筑工程监理的主要任务

（一）施工过程监督和管理

建筑工程监理的首要任务是对施工过程进行监督和管理，需要确保施工团队按照相关规范和标准进行操作，避免出现安全事故和质量问题。为此，监理人员需要对施工现场进行定期检查、抽查和巡查，以确保施工过程符合要求。

（二）协调各方利益关系

建筑工程监理还需要协调业主、设计单位、施工单位等各方之间的利益关系。包括处理业主和施工方之间的矛盾、解决设计与施工之间的冲突等。监理需要在保证工程质量的前提下，平衡各方的利益，确保工程顺利进行。

（三）质量控制

建筑工程监理需要对工程质量进行严格把关。检查建筑材料和设备是否符合要求，监督施工团队是否按照设计图纸和技术要求进行施工，并对工程质量进行评估和验收。只有经过监理的认可，工程才能进入下一个阶段。

（四）进度管理

除了质量，建筑工程监理还需要对工程进度进行管理。他们需要确保施工进度按照计划进行，避免出现延期等问题。为此，监理需要制定合理的进度计划，并对实际施工进度进行监控和调整，以确保工程按时完成。

（五）费用控制

建筑工程监理还需要对工程费用进行控制。他们需要确保施工费用符合预算要求，避免出现超支等问题。为此，监理需要对工程费用进行精细核算和管理，并与业主、设计单位和施工单位等各方进行沟通和协调。

（六）合同管理

建筑工程监理还需要承担合同管理的职责。他们需要参与合同的签订和执行过程，确保双方权益得到保障。在合同执行过程中，监理需要根据实际情况进行解释和处理，并及时向业主和相关部门提交报告和建议。

（七）信息管理

建筑工程监理还需要对工程信息进行管理。他们需要收集、整理和分析工程信息，包括施工记录、质量检测报告、进度报告等，并及时向业主和相关部门提交报告和建议。此外，监理还需要对工程档案进行整理和保管，以便日后查阅和使用。

（八）风险管理

建筑工程监理还需要对工程风险进行管理和预防。他们需要对可能出现的风险进行预测和评估，并制定相应的应对措施。在风险发生时，监理需要及时采取措施进行处理和补救，以避免对工程造成更大的损失。

二、建筑工程监理的难点

（一）监理市场的完善程度

我国监理市场受地域保护现象严重，使得监理企业跨区域承揽业务变得相当困难。这种地域保护现象阻碍了监理市场的自由竞争和资源的合理配置，限制了监理企业的进一步发展。为了打破这种局面，需要加强法律法规的制定和执行，规范监理企业的经营行为，营造公平、公正的市场环境。

同时，我国监理市场竞争日益激烈，监理企业之间的竞争已经白热化。为了在激烈的市场竞争中立于不败之地，监理企业需要不断提升自身的技术水平、管理能力和人才储备等方面的实力。只有通过全方位的提升，监理企业才能在市场竞争中占据优势地位，实现可持续发展。

此外，部分监理企业存在不正当竞争行为，恶意压价、扰乱市场秩序，造成了恶性循环。这些不正当竞争行为不仅损害了其他监理企业的利益，也给整个监理行业带来了负面影响。为了消除这些负面影响，需要加强对监理企业的监管力度，严厉打击不正当竞争行为，维护市场的公平竞争秩序。

（二）监理人员的业务能力

建筑工程的施工速度随着我国城市化脚步的加速而逐渐提高，建筑工作的开展难度也越来越大。监理工作对人员的专业素质要求较高，包括土木工程、管理、法律等多个领域的知识。然而，在实际工作中，部分监理人员专业素质不高，缺乏工程监理的专业知识和技能，导致在工作中出现失误，给工程质量和安全带来隐患。同时，很多监理企业对监理的成本不断削减，监理人员亦不断流失，造成监理工作人员的配置十分不合理，这在一定程度上使监理人员的工作效率被遏制，不能发挥出监理工作的全部作用。监理工作是从建筑工程的项目规划一直到竣工和质检的全过程，并且监理人员的责任意识和专业水平对监理的效果产生了决定性的作用。监理人员需要掌握多个领域的庞杂知识，这样才能在工作过程中准确地指出各项问题，并且对施工方的问题作出指导。但是笔者在调研过程中发现，很多监理工作者还存在监理工作不够细致的问题。所以，为了使监理工作能够更加顺利地开展，要求监理人员对专业知识要不断地加深学习。

（三）监理的协调管理

在建筑工程监理过程中，协调管理问题是一个常见的难点。由于建筑工程涉及多个参与方，包括业主、设计单位、施工单位、材料供应商等，各方之间需要协调合作才能确保工程的顺利进行。然而，在实际工作中，协调管理往往存在以下问题：

1. 沟通不畅：各方之间缺乏有效的沟通渠道，导致信息传递不及时、不准确，影响工程的进展和质量。

2. 合作不紧密：各方之间缺乏信任和合作精神，导致工作配合不紧密，容易出现疏漏和延误。

3. 资源分配不合理：各方之间缺乏对资源分配的协商和规划，导致资源浪费或不足，影响工程的质量和效益。

三、针对建筑工程监理难点提出的有效应对策略

（一）完善监理市场

1. 完善法律法规体系。政府应加强对监理市场的监管力度，建立完善的法律法规体系，规范监理企业的经营行为。通过制定严格的法律法规，可以有效地遏制监理市场的不正当竞争行为，为市场的健康发展提供法律保障。同时，应加强对法律法规的执行力度，确保各项规定得到有效落实。

2. 建立公平竞争机制。政府应建立公平、公正的市场竞争机制，打破地域保护和地方保护主义的限制。通过实施公平的竞争政策，可以促进监理市场的自由竞争和资源的合理配置，推动优秀监理企业的崛起和发展。同时，应加强对招标投标过程的监管力度，防止恶意压价等不正当竞争行为的发生。

3. 加强人才培养和管理。监理企业应加强人才培养和管理，提高自身的技术水平和管理能力。通过引进和培养高素质的人才，监理企业可以提升自身的核心竞争力，更好地应对市场竞争的挑

战。同时，应加强对员工的管理和培训，提高员工的专业素质和工作能力。

4.加强行业自律和监管。监理行业应加强自律和监管力度，推动行业的健康发展。通过建立行业协会等自律组织，可以加强行业内部的沟通和协调，推动行业标准的制定和实施。同时，应加强对不正当竞争行为的监管力度，严厉打击恶意压价、扰乱市场秩序等行为。

（二）提升监理人员业务能力

提高监理人员的业务能力是确保建筑工程质量、安全和进度的重要一环。为此，需要加强对监理人员的培训和教育，提高他们的专业知识和技能水平。这不仅包括对建筑工程监理基本理论的学习，还包括对相关法规、标准和实践的了解。通过系统的培训，监理人员可以更好地履行职责，提高自身的业务水平。

同时，还要加强对监理人员的考核和管理，确保他们具备从事监理工作的资格和能力。这包括对监理人员的资质审查、工作考核和日常监督等方面。通过严格的考核和管理，可以保证监理人员具备必要的专业素质和工作能力，从而更好地完成监理任务。

此外，还要鼓励监理人员不断学习和提高自己，促进整个监理团队素质的提升。这包括鼓励监理人员参加行业会议、研讨会和学术交流活动等，以便了解最新的监理理论和实践经验。同时，还可以定期组织内部培训和学习活动，让监理人员在工作中不断成长和进步。

提高监理的服务质量与水平对于赢得业主的信任和支持至关重要。只有当业主充分信任建设监理人员并依法让渡管理权限时，监理人员才能独立地处理各项质量、安全、进度和投资问题。因此，提高监理人员的业务能力和服务质量是确保建筑工程顺利进行的关键之一。

（三）加强协调管理

1.建立有效的沟通机制。为了解决沟通不畅的问题，可以建立有效的沟通机制。首先，各方应定期召开协调会议，共同商讨工程进展、质量、安全等方面的问题，并制定相应的解决方案。其次，应建立信息共享平台，及时发布工程信息、通知、指令等，以便各方随时了解工程进展情况。同时，应加强各方之间的日常沟通，通过电话、邮件等方式及时传递信息，确保信息畅通无阻。

2.加强合作与信任。为了加强各方之间的合作与信任，可以采取以下措施：

1）建立合作联盟：各方可以共同组建一个合作联盟，明确各自的职责和权利，加强各方之间的合作和信任。

2）加强协作：各方应积极配合、协作，共同解决工程中遇到的问题。在工作中，可以采用交叉审核、互相监督等方式加强协作效果。

3）建立信任关系：各方应加强沟通和理解，尊重彼此的意见和建议，建立良好的信任关系。在合作过程中，应遵守诚信原则，不隐瞒、不欺骗，增强信任感。

3.合理规划资源分配。为了解决资源分配不合理的问题，可以采取以下措施：

1）制定资源分配计划：在工程开始前，各方应共同制定资源分配计划，明确各阶段所需的资源种类和数量，确保资源的合理分配和利用。

2）动态调整资源分配：在工程实施过程中，应根据实际需要和进度调整资源分配。对于资源紧张的环节，应适当增加投入；对于资源过剩的环节，应适当减少投入，以优化资源配置。

3）监督资源使用情况：应加强对资源使用情况的监督和管理，确保资源得到合理利用和有效保护。对于浪费资源的行为，应采取相应的措施予以纠正。

结语

本文深入探讨了建筑工程监理中的难点及应对策略。通过对监理市场不完善、监理人员业务能力不足、协调管理困难等问题进行深入研究，提出了一系列实用的解决方案。这些应对策略不仅有助于提高监理人员的业务水平，还可以提高整个监理团队的服务质量和水平。然而，建筑工程监理工作仍然面临着许多挑战和难点。例如，如何更好地协调业主、施工方和监理方之间的关系，如何应对日益复杂的建筑工程技术和标准等。因此，我们需要不断学习和探索新的应对策略，以适应不断变化的市场需求和行业发展趋势。

《中国建设监理与咨询》参编单位   广告

北京市建设监理协会
会长：张铁明

中国铁道工程建设协会
理事长：王同军
中国铁道工程建设协会建设监理专业委员会
会长：陈璞

机械监理
中国建设监理协会机械分会
会长：黄强

京兴国际
JINGXING
京兴国际工程管理有限公司
董事长兼总经理：李强

北京兴电国际工程管理有限公司
董事长兼总经理：张铁明

北京五环国际工程管理有限公司
总经理：汪成

中国电建
POWERCHINA
咨询北京有限公司
BEIJING CONSULTING CORPORATION LIMITED
中国水利水电建设工程咨询北京有限公司
总经理：孙晓博

鑫诚建设监理咨询有限公司
董事长：严弟勇 总经理：张国明

CEEDI
北京希达工程管理咨询有限公司
董事长兼总经理：黄强

CSIC
中船重工海鑫工程管理（北京）有限公司
总经理：姜艳秋

ECC
中咨工程管理咨询有限公司
总经理：鲁静

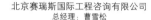
中国五矿 MCC 中冶京诚
北京赛瑞斯国际工程咨询有限公司
BEIJING CERIS INTERNATIONAL ENGINEERING & CONSULTING CO.,LTD.
北京赛瑞斯国际工程咨询有限公司
总经理：曹雪松

天津市建设监理协会
理事长：吴树勇

河北省建筑市场发展研究会
会长：倪文国

监理
山西省建设监理协会
会长：苏锁成

NAECTB
宁波市建设监理与招投标咨询行业协会
会长：邵昌成

浙江华东工程咨询有限公司
党委书记、董事长：李海林

公诚管理咨询有限公司
Gongcheng Management Consulting Co., Ltd.
公诚管理咨询有限公司
党委书记、总经理：陈伟峰

PUHCA 帕克国际
北京帕克国际工程咨询股份有限公司
董事长：胡海林

福建省工程监理与项目管理协会
会长：林俊敏

广西大通建设监理咨询管理有限公司
董事长：莫细喜 总经理：甘耀域

同炎数智
INTELLIGENT TY
同炎数智（重庆）科技有限公司
董事长：汪洋

正元监理
晋中市正元建设监理有限公司
执行董事：赵陆军

SCSCA
山东省建设监理与咨询协会
理事长：徐友全

FZECSA
福州市全过程工程咨询与监理行业协会
理事长：饶舜

MX
吉林梦溪工程管理有限公司
执行董事、党委书记、总经理：曹东君

DBCM
大保建设管理有限公司
董事长：张建东 总经理：肖健

上海振华工程咨询有限公司
Shanghai Zhenhua Engineering Consulting Co., Ltd.
上海振华工程咨询有限公司
总经理：梁耀嘉

星宇咨询
XINGYU CONSULTING
武汉星宇建设咨询有限公司
董事长兼总经理：史铁平

胜利监理
SHENGLI PROJECT MANAGEMENT
山东胜利建设监理股份有限公司
董事长兼总经理：艾万发

江苏建科建设监理有限公司
董事长：陈贵 总经理：吕所章

LCPM
连云港市建设监理有限公司
董事长兼总经理：谢永庆

山西卓越
SHANXI ZHUOYUE
山西卓越建设工程管理有限公司
总经理：张广斌

M
陕西华茂建设监理咨询有限公司
董事长：阎平

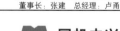
安徽省建设监理协会
会长：苗一平

合肥工大建设监理有限责任公司
总经理：张勇

江南管理
浙江江南工程管理股份有限公司
董事长兼总经理：李建军

A
苏州市建设监理协会
会长：蔡东星 秘书长：翟东升

浙江嘉宇工程管理有限公司
ZHEJIANG JIAYU PROJECT MANAGEMENT CO.,LTD
浙江嘉宇工程管理有限公司
董事长：张建 总经理：卢甬

QSH
浙江求是工程咨询监理有限公司
董事长：晏海军

驿涛
ytxm.com
驿涛工程集团有限公司
董事长：叶华阳

河南省建设监理协会
河南省建设监理协会
会长：孙惠民

国机中兴
SZXEC
国机中兴工程咨询有限公司
执行董事：李振文

KUNLUN 昆仑监理
新疆昆仑工程咨询管理集团有限公司
总经理：曹志勇

河南清鸿
HENAN QINGHONG CONSTRUCTION SUPERVISION
清鸿工程咨询有限公司
董事长：徐育新 总经理：牛军

建基咨询
CCPM ENGINEERING CONSULTING
建基工程咨询有限公司
总裁：黄春晓

光大管理
河南省光大建设管理有限公司
董事长：郭芳州

方大咨询
FANGDA CONSULTING
方大国际工程咨询股份有限公司
董事长：李宗峰

河南长城铁路工程建设咨询有限公司
董事长：朱泽州

BECC
北京北咨工程管理有限公司
总经理：朱迎春

兴平监理
河南兴平工程管理有限公司
董事长兼总经理：艾护民

湖北省建设监理协会
湖北省建设监理协会
会长：陈晓波

武汉华胜工程建设科技有限公司 董事长：汪成庆	湖南省建设监理协会 常务副会长兼秘书长：田英	华春建设工程项目管理有限责任公司 董事长：王莉	长顺管理 Changshun PM 湖南长顺项目管理有限公司 董事长：黄劲松　总经理：黄勇
广东省建设监理协会 会长：丈俊沛	广东监理 广东工程建设监理有限公司 总经理：毕德峰	中国节能 西安四方建设监理有限责任公司 董事长：杜鹏宁　总经理：周建新	重庆市建设监理协会 会长：冉鹏
重庆赛迪工程咨询有限公司 董事长兼总经理：冉鹏	重庆联盛建设项目管理有限公司 总经理：雷冬菁	山东同力建设项目管理有限公司 党委书记、董事长：许继文	重庆正信建设监理有限公司 董事长：程辉汉
重庆林鸥监理咨询有限公司 总经理：肖波	二滩国际 Ertan International 四川二滩国际工程咨询有限责任公司 董事长：李卫国	中国华西工程设计建设有限公司 董事长：周华	云南省建设监理协会 会长：杨丽
云南国开建设监理咨询有限公司 董事长兼总经理：黄平	贵州省建设监理协会 会长：张雷雄	贵州建工监理咨询有限公司 董事长：张勤　总经理：涂捷	三维建设工程咨询有限公司 董事长：付涛　总经理：王伟星
矩一建管 西安高新矩一建设管理股份有限责任公司 董事长兼总经理：范中东	西安铁一院工程咨询管理有限公司 西安铁一院工程咨询监理有限责任公司 总经理：张德凌	PM 普迈项目管理集团有限公司 董事长：李三虎　总经理：景亚杰	YMCC 城建咨询 云南城市建设工程咨询有限公司 董事长：杨家骏
河北中原工程项目管理有限公司 董事长：王亚东	青岛东方监理有限公司 董事长：胡民　总经理：刘永峰	康立 KANL 康立时代建设集团有限公司 董事长：蒋增伙　总经理：鲜涛	山西辰丰达工程咨询有限公司 总经理：孙爱峰
九江市建设监理有限公司 董事长：郭冬生	KUNLUN ECG 昆仑咨询 新疆昆仑工程咨询管理集团有限公司 党委书记、董事长：苏霁	山西省建设监理有限公司 董事长：张建安　总经理：赵帅	山西协诚 山西协诚建设工程项目管理有限公司 执行董事兼总经理：冯长青
山西省煤炭建设监理有限公司 执行董事：崔科斌	山西交控 山西交通建设监理咨询集团有限公司 党委书记、董事长：何晓明	神剑 SHENJIAN 山西神剑建设监理有限公司 董事长：林群　总经理：沈桂权	山西华厦建设工程咨询有限公司 董事长：史毅清
山西新星勘测设计集团有限公司 董事长兼总经理：张廷宝	太原理工大学建筑设计研究院有限公司 党总支书记、董事长、总经理：赵志刚	华电和祥工程咨询有限公司 华电和祥工程咨询有限公司 党委书记、董事长：王贵展	万家寨水控　水电监理公司 山西省水利水电工程建设监理有限公司 党委书记、董事长：张波
长春建业集团股份有限公司 董事长：姜凤霞	上海市建设工程咨询行业协会 会长：夏冰	HASIN 华兴咨询 重庆华兴工程咨询有限公司 董事长兼总经理：胡明健	SCA 四川省建设工程质量安全与监理协会 秘书长：付静
浙江省全过程工程咨询与监理管理协会 常务副会长兼秘书长：吕艳斌	广西建设监理协会 会长：陈群毓	江西同济建设项目管理股份有限公司 总经理：何祥国	呼和浩特建设监理咨询有限责任公司 董事长：张改莲　总经理：张晔
丰润企业 FENGRUN ENTERPRISE 安徽丰润项目管理集团有限公司 总经理：舒玉	顺政通 北京顺政通工程监理有限公司 经理：李海春	江苏赛华建设监理有限公司 董事长：王成武	

广告：企业推广

河南省建设监理协会

河南省建设监理协会成立于1996年10月，按市场化原则、理念和规律，开门办会，致力于创建新型行业协会组织，为工程监理行业的创新发展提供河南方案，为工程监理行业的规范化运行探索更加合理的治理机制。

河南省建设监理协会以章程为运行核心，在党的领导下，遵守法律、法规和有关政策文件，协助政府有关部门做好建设工程监理与咨询的服务工作，提高监理队伍素质和行业服务水平，沟通信息，反映情况，维护行业整体利益和会员合法权益，实施行业诚信自律和自我管理，在提供政策咨询、开展教育培训、搭建交流平台、开展调查研究、建设行业文化、维护公平竞争、促进行业发展等方面，积极发挥协会作用。

自建会以来，河南省建设监理协会秉承"专业服务、引领发展"的办会理念，不断提高行业协会综合素质，打造良好的行业形象，增强工作人员的业务能力，将全省监理企业团结起来，引导企业对内相互交流扶持，对外开放发展；引领行业诚信奉献，实现监理行业的社会价值；大力加强协会的平台建设，带领企业对外交流，同外省市兄弟协会、企业沟通交流，实现资源共享，信息共享，共同发展；扩大河南监理行业的知名度和影响力，使监理企业对行业协会有认同感和归属感；创新工作方式方法，深入开展行业调查研究，积极向政府及其部门反映行业和会员诉求，提出行业发展规划等方面的意见和建议；积极参与相关行业政策的研究、制定和修订；推动行业诚信建设，建立完善行业自律管理约束机制，规范会员行为，协调会员关系，维护公平竞争的市场环境。

经过20多年的创新发展和积累完善，现已建成规章制度齐备，部门机构齐全的现代行业协会组织。协会设秘书处、专家委员会、诚信自律委员会、青年经营管理者工作委员会和法律事务与维权工作委员会，秘书处下设综合办公室、会员服务部、人才交流部、财务管理部和行业发展部。

新时期，协会在习近平新时代中国特色社会主义思想的指引下，落实新发展理念，推动高质量发展，积极适应行业协会自身的变革，解放思想，转型升级，不断提升服务能力、治理能力和领导能力，努力建设成为创新型、服务型、引领型的现代行业协会，充分发挥行业协会在经济建设和社会发展中的重要作用。

（本页信息由河南省建设监理协会提供）

协会党支部荣获2022年度"先进基层党组织"称号　协会荣获廉洁书画摄影展优秀组织奖

协会党支部举办讲党课暨庆"七一"主题党日活动　组织开展行业西柏坡红色教育实践活动

 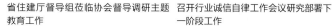 

省住建厅督导组莅临协会督导调研主题教育工作　召开行业诚信自律工作会议研究部署下一阶段工作

中南片区个人会员业务辅导活动在郑州成功举办　"监理人员职业标准"课题成果转团体标准开题会在郑州召开

积极参与乡村振兴工作 结对帮扶村向协会赠送锦旗　协会赴三人场村开展乡村振兴结对帮扶调研和慰问活动

广告：企业推广

内蒙古殴晶科技研发中心大楼建设项目

崔各庄乡南皋组团A1、A2、D2地块棚改定向安置房项目（A1-1号住宅楼等64项）供电工程监理

哈尔滨市玉泉固体废物综合处理园区垃圾焚烧发电项目

车道沟十号院兵器综合服务保障楼项目

郑州（西部）环保能源项目

通州区河东资源循环利用中心一期工程

北京五环国际工程管理有限公司

北京五环国际工程管理有限公司（原北京五环建设监理公司）成立于1989年，隶属于中国兵器工业集团中国五洲工程设计集团有限公司。公司是北京市首批五家试点监理单位之一，具有工程监理综合资质。目前主要从事建筑工程、机电工程、市政公用工程、电力工程、民航工程、石油化工工程、国防军工工程、海外工程等项目监理、项目管理、辅助监督、工程咨询、造价咨询、招标代理、项目后评估等全过程咨询服务工作。

公司在发展过程中，较早引入科学的管理理念，成为监理企业中最早开展质量体系认证的单位之一。三十多年来，始终遵守"公平、独立、诚信、科学"的基本执业准则，注重提高管理水平，实现了管理工作规范化、标准化和制度化，形成了对服务项目的有效管理和支持，为委托人提供了优质精准服务，在建设行业赢得较高的知名度和美誉度，为我国工程建设和监理咨询事业发展做出应有的贡献。

公司在持续专注工程监理核心业务发展的同时，业务领域不断拓展，项目管理和工程咨询所占比重进一步提升，继海外业务取得一定成绩后，工程咨询业务也得到迅速发展。近期承接了精细化工及原料工程项目工程质量监督服务、中央指挥控制中心建设项目（一期）、华宁生活垃圾焚烧发电项目、福建地区4项工程监理服务、潍坊原油储备库工程、精细化工及原料工程项目全厂桩基施工及检测监理、崔各庄乡南皋组团A1、A2、D2地块棚改定向安置房项目（A1-1号住宅楼等64项）供电工程监理、丰台区供水管网消隐改造二期工程以及北京市大兴区三合庄改造区土地一级开发项目DX00-0202-6018、6019、6026地块R2二类居住用地和6022地块A334托幼用地项目，北京城市副中心行政办公区供水管线建设二期工程（监理），某部综合场升级建设项目工程咨询服务，某部建设项目全过程工程咨询服务等大中型项目的监理、项目管理、全过程工程咨询服务工作。

公司积极参与各级协会组织的课题研究、经验交流、宣贯、讲座等各项活动，及时更新理念、借鉴经验，持续提升公司技术服务水平，提升五环的知名度和社会影响力。近年来获得了由北京市建设监理协会、北京市建筑业联合会、中国兵器工业建设协会等各级协会评选的"优秀建设工程监理单位""建设行业诚信监理企业"等荣誉称号，所参建工程获得多项国家级、省级工程奖项。

2023年，公司承接哈尔滨市玉泉固体废物综合处理园区垃圾焚烧发电项目获得2022—2023年度中国建设工程鲁班奖（国家优质工程），张家口生活垃圾焚烧发电项目获得2022—2023年度国家优质工程奖。

北京五环国际工程管理有限公司面对市场经济发展以及工程建设组织实施方式改革带来的机遇和挑战，恪守"管理科学、技术先进、服务优良、顾客满意、持续改进"的质量方针，不断提高服务意识，实现自身发展。将以良好的信誉、规范化、标准化、制度化的优质服务，在工程建设咨询领域取得更卓著的成绩，为工程建设咨询事业做出更大的贡献。

（本页信息由北京五环国际工程管理有限公司提供）

广告：企业推广

北京希达工程管理咨询有限公司

北京希达工程管理咨询有限公司（以下简称"希达咨询"）是中国电子工程设计院股份有限公司（CEEDI）的全资子公司，目前是中国电子院的全过程工程咨询业务实施平台。2008 年，获得全国首批工程监理综合资质；2017 年，入选住建部"全过程工程咨询试点企业"名单；2021 年，认定为高新技术企业。

希达咨询公司具备工程建设监理综合资质、设备监理甲级资质、信息系统工程监理服务标准贯标甲级单位资格、人防工程监理甲级资质，是国内仅有的同时在建设工程、设备、信息系统、人防工程四个领域拥有最高资质等级的监理公司。

希达咨询业务范围广泛，坚持在重点工程建设中展现央企担当。公司主要从事全过程工程咨询、项目管理、工程监理、代建、设计管理、造价咨询、招标代理等业务，涉及民航机场、金融机构、数据中心、研发办公、酒店、住宅、医疗、市政交通工程、工业工程、电力工程、通信信息工程、城市综合体等多个领域，承接了一批重点工程项目。

全过程工程咨询项目：宁夏高级人民法院和银川铁路运输法院审判法庭项目、西安奕斯伟集成电路产业基地项目、北投投资大厦装修改造工程。

项目管理及代建项目：广发金融中心（北京）、安信金融大厦、京东方先进实验室项目、北京工业大学体育馆、中国民生银行股份有限公司总部基地工程等项目。

监理项目：晋能光伏项目、广州 66002、秦皇岛中储粮项目、沧州大中国大运河非物质文化遗产展示馆周边基础设施工程项目等。

机场项目：榆林机场北指廊、西安咸阳国际机场三期扩建工程、榆林机场 T2 航站楼、新机场东航基地项目、北京大兴国际机场停车楼、综合服务楼、北京大兴国际新机场西塔台、北京大兴国际机场东航基地、首都国际机场 T3 航站楼及信息系统工程、石家庄国际机场、昆明国际机场、天津滨海国际机场等项目。

数据中心项目：农行数据中心、邮储数据中心、中国移动数据中心、北京国网数据中心、蒙东国网数据中心、中国邮政数据中心、华为上饶云数据中心、乌兰察布华为云服务数据中心等项目。

医院学校项目：北大国际医院、合肥京东方医院、援几内亚医院山东滕州化工技师学院、固安幸福学校、援塞内加尔妇幼医院成套等项目。

电子工业厂房：常州承建半导体项目、广州超视第 10.5 代 TFT-LCD、西安奕斯伟、上海华力 12 英寸半导体、南京熊猫 8.5 代 TFT、咸阳彩虹 8.6 代 TET、京东方（河北）移动显示等项目。

市政公用项目：大兴机场市政交通、北京新机场工作区市政交通工程、滕州高铁新区基础建设、莆田围海造田、奥林匹克水上公园等项目。

场馆项目：塞内加尔国家剧院、缅甸国际会议中心、援几内亚体育场项目、援巴哈马体育场项目、援肯尼亚莫伊体育中心、北京工业大学体育馆等项目。

近年来，希达咨询承担的工程项目，共计荣获国家及省部级奖项上百项，包括"工程项目管理优秀奖""鲁班奖""詹天佑奖""国家优质工程奖""北京市长城杯""结构长城杯""建筑长城杯""上海市白玉兰奖""优质结构奖""金刚奖"等。

公司积极参与行业建设，承担了多个协会的社会工作。公司是中国建设监理协会理事单位、北京建设监理协会副会长单位、中国设备监理协会理事单位、中电企协信息监理分会常务理事单位、北京人防监理协会会员单位等。

公司拥有完善的管理制度、健全的 ISO 体系及信息化管理手段，拥有 ISO 对公司质量、环境、职业健康安全、信息安全和信息技术服务五个管理体系的认证证书。公司自主研发项目日志日记系统、员工考核和学习系统，采用先进的企业 OA 管理系统，部分项目采用 BIM-5D 软件和智慧工地系统。近年来，多人获得"全国优秀总监""优秀监理工程师"称号，拥有高效、专业的项目管理团队。

（本页信息由北京希达工程管理咨询有限公司提供）

西安咸阳国际机场三期效果图　　北京大兴国际机场

榆林榆阳机场二期扩建工程 T2 航站楼及　安哥拉罗安达机场
高架桥工程

北大国际医院住院楼立面　　海航冷链大楼实景

华为上饶数据中心　　苹果数据中心

京东方先进实验室效果图

宁夏高法项目

地　址：北京市海淀区万寿路 27 号
电　话：（010）68160802　　（010）68208757
传　真：（010）68160803

广告：企业推广

乌鲁木齐奥林匹克体育中心（体育馆及地下建筑获"鲁班奖"、体育场获国优奖）

新疆生产建设兵团机关办公楼项目（"鲁班奖"）

雄安新区棚户改造容东片区安居工程（B.C社区）市政道路干线工程（获河北省优质工程）

新疆维吾尔自治区委员会党校（行政学院）新校区建设项目（在建）

枣木枣临连接线改建工程

山东枣庄智慧物流仓储项目

国道318线遂宁市城市过境段改线工程

雄安站配套停车场（CEC）项目

玛纳斯河肯斯瓦特水利枢纽工程

郑州市市政控制性节点（地下交通）工程土建施工监理05标段

郑州地铁项目

新疆昆仑工程咨询管理集团有限公司

新疆昆仑工程咨询管理集团有限公司（以下简称"昆仑咨询集团"），前身为全国首批试点监理企业"新疆昆仑工程监理有限责任公司"，秉持"自强自立、诚实守信、团结奉献、务实创新"的价值理念，积极响应国家政策，完善设计、造价、招标、监理全产业链，致力于打造全过程工程咨询领域专业、高效、安全、优质的服务商。

作为新疆乃至西北地区资质等级高、服务范围广、品牌影响力大、技术力量雄厚的大型国有建设咨询服务龙头企业，昆仑咨询集团拥有工程监理综合资质，公路工程监理、水利工程监理、工程咨询、建筑设计等6项甲级资质及其他各类资质共21项。业绩遍布全国20多个省市，累计参建工程项目6000余项，多次被评为"全国百强监理企业""全国先进建设监理单位"，并走出国门，高标准完成蒙古国、塔吉克斯坦、赞比亚、塞拉利昂等六国援外项目建设任务，为国争光。

昆仑咨询集团累计荣获"鲁班奖"10项、"詹天佑奖"3项、国家优质工程奖7项、"中国钢结构金奖"5项、"中国安装之星"4项、中国电力优质工程2项、化学工业优质工程2项、中国有色金属工业优质工程1项，百余项工程荣获省级优质工程奖。参建的自治区党委党校（行政学院）、自治区迎宾馆、乌鲁木齐市T3航站楼、新疆大剧院、新疆国际会展中心（一、二期）、乌鲁木齐市奥林匹克体育中心、肯斯瓦特水利枢纽、大河沿引水工程、阿–塔公路、塔中沙漠公路、郑州多条地铁项目、雄安新区多个市政工程、山东枣庄市政道路等建设项目，无一不是昆仑咨询集团参与中国式现代化建设的生动实践。

建功新时代，昆仑咨询集团充分发挥建筑设计、造价咨询、招标代理、工程监理"四位一体"全过程工程咨询核心优势，建立行业领先的标准化管理体系，朝着成为"全国知名全过程工程咨询服务企业"的目标不懈奋斗！

中国石油塔里木油田科研楼项目（"鲁班奖"）

（本页信息由新疆昆仑工程咨询管理集团有限公司提供）

广告：企业推广

建基工程咨询有限公司

建基工程咨询有限公司，1998 年成立于河南郑州，是一家以建筑工程领域为核心的全过程咨询解决方案提供商和运营服务商。26 年以来，共完成的工程咨询项目 9000 多个，工程总投资约千亿元人民币。公司主营工程监理服务，包括全过程工程咨询、项目管理、勘察设计、造价咨询、招标代理、工程监理、BIM 技术服务等。

公司拥有工程监理综合资质；工程造价咨询甲级、政府采购招标代理、建设工程招标代理、水利工程施工监理乙级、水土保持工程施工监理乙级、人防工程监理乙级、工程咨询单位乙级资信预评价、建筑行业（建筑工程、人防工程）设计乙级、市政行业（排水工程、道路工程、桥梁工程）专业设计乙级、风景园林工程设计专项乙级、农林行业（农业工程：农业综合开发生态工程）、商物粮行业（批发配送与物流仓储工程）专业设计乙级、工程勘察专业类岩土工程（勘察）乙级、工程勘察专业类工程测量乙级、工程勘察专业类岩土工程（设计）乙级等资质资格；通过 ISO9001 质量管理体系认证、ISO14001 环境管理体系、ISO45001 职业健康安全管理体系。

公司先后荣获"全国监理行业五十强企业""中国建设工程造价管理协会信用评价 AAA 级企业""中国水利工程协会 AAA 级企业""河南省住房城乡建设厅重点扶持企业""河南服务业企业 100 强""河南省诚信建设先进企业""河南省建设工程招标投标行业诚实守信单位"等荣誉称号；公司是中国建设监理协会理事单位、《建设监理》常务理事长单位、河南省建设监理协会副会长单位、河南省产业发展研究会常务理事单位。

公司监理的工程多次获得国家奖：其中商丘市第一人民医院儿科医技培训中心综合楼项目获得"鲁班奖"；郑州市陇海路快速通道工程监理（第七标段）项目获得国家优质工程奖；南阳市"三馆一院"项目获得"鲁班奖"和国家钢结构金奖；华能安北第三风电场 C 区 200MW 项目获得了中国电力优质工程奖。

公司开发建设了"综合业务管理系统"和"BIM+ 智慧工地决策系统"企业协同云办公系统；累计申报发明专利 1 项，实用新型专利 18 项，9 项软件著作权证书；自 2019 年至今，连续多年参与中国建设监理协会课题编制，持续引领行业发展。

公司依托强大技术支撑，拥有 1700 余人的高素质团队，是一支在工程建设领域拥有丰富经验、结构合理、业务精湛的专业化队伍。

党建引领发展，公司积极参与疫情防控医院建设，深入一线抗疫，支援灾后重建。同时，连续 8 年资助贫困地区教育，用实际行动体现企业的责任和担当。

公司将继续投入信息化建设，并努力研发数智化、区块链、元宇宙、物联网等科学技术，愿携手更多建设伙伴，为建筑企业数字化转型赋能，为中国宏伟建设蓝图增添力量！

（本页信息由建基工程咨询有限公司提供）

济源东区重点区域概念性建筑方案设计（设计方案）

南阳市中心城区外环综合开发项目（全过程工程咨询）

内乡县"三馆一院一中心"（项目管理）

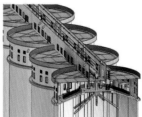

深圳 75 万 t 粮库（BIM 咨询）（1）

深圳 75 万 t 粮库（BIM 咨询）（2）

渭城区青少年校外活动中心迁建项目（全过程工程咨询）

乌审旗草原生态保护修复治理（招标咨询）

颍州西湖风景名胜（建筑工程公共建筑）

郑州中康医康养综合体建设项目（建筑工程医疗卫生）

长葛北站站前广场（造价咨询）

广告：企业推广

西安交通大学科技创新港科创基地 8 号工程楼、9 号阅览中心获 2020—2021 年度"鲁班奖""詹天佑奖"

西安电子科技大学南校区综合体育馆建设项目获 2018—2019 年度"鲁班奖"

西北大学南校区图文信息中心建设项目荣获 2010—2011 年度"鲁班奖"

西安地铁 4 号线装饰及安装工程监理三标项目获 2020—2021 年度国家优质工程奖

西安市经开草滩污水处理厂工程荣获 2022—2023 年度国家优质工程奖

新长安广场二期建设项目荣获 2020—2021 年度国家优质工程奖

中国西电集团有限公司智慧产业园（东区、西区）建设项目

西安交大一附院门急诊综合楼、医疗综合楼建设项目分别获得雁塔杯、长安杯奖

阿房一路（西三环至沣泾大道、复兴大道至丰邑大道）市政工程建设项目

西安西三环 C07 标段建设项目获 2011 年国家市政金杯奖

西安世园会秦岭园工程建设项目

国家开发银行西安数据中心及开发测试基地全过程咨询项目

普迈项目管理集团有限公司

普迈项目管理集团有限公司（原西安市建设监理公司）成立于 1993 年，注册资本 5000 万元，是专业从事建设工程监理、全过程工程咨询服务、造价咨询、招标代理、工程咨询、工程造价司法鉴定的综合型咨询服务企业。现有员工逾千名，国家级注册人员 400 余名，拥有工程监理综合资质，招标代理甲级（原），工程造价咨询甲级（原），设备监理乙级，人民防空工程监理乙级，政府采购代理机构备案及工程咨询乙级资信等多项资质，并且登记进入政府采购代理机构名单。

公司为中国建设监理协会理事单位，陕西省建设监理协会副会长单位，陕西省建设法制协会副会长单位、陕西省建设工程造价协会副理事长单位，陕西省招标投标协会理事单位，陕西省项目管理协会常务理事单位，西安市建设监理与全过程工程咨询行业协会副会长单位，陕西省工程咨询协会理事单位。公司是《建设监理》杂志理事单位，《中国建设监理与咨询》协办单位。

公司法人治理结构完善，始终坚持规范化管理理念，不断提高工程建设管理服务水平，全力打造"普迈"品牌。近年来，公司加快了数字化转型升级，建立了契合公司发展的、集项目管理、工程监理、招标代理、造价咨询、全过程工程咨询、工程咨询业务为一体的数字化智能管理系统，利用信息技术、智能技术，设置工程指挥中心、标准化平台、BIM 技术、在线培训、分析预警、数据库等智能模块，推动业务管理标准化、流程化，实现了线上办公、资源共享、技术交流、流程审批、远程监督检查指导、数据自动采集交互应用、在线学习等功能，使数字化真正赋能企业高质量发展。

在创新发展理念引领下，公司着力开拓项目管理、全过程工程咨询、代建业务，在典型项目中积极探索，以顾客需求为服务切入点，以 BIM 等技术手段为支撑，用信息化等管理手段穿针引线，将全过程理念与系统工程方法应用到全过程工程咨询服务模式中。目前公司已完成国家开发银行西安数据中心及开发测试基地、榆林市公安局业务技术用房及大数据应用中心、西安医学院第一附属医院沣东院区（一期）、西安铁路运输中级法院审判法庭、安徽芜湖北湾园区渡江大道等 30 余项全过程工程咨询服务。

31 年来，公司参建的多个项目荣获了"中国建设工程鲁班奖""国家优质工程金奖""国家优质工程奖""中国钢结构金奖""市政金杯示范工程"等荣誉奖项。公司先后荣获"全国先进工程监理单位""中国工程监理行业先进工程监理企业"、陕西省"优秀工程监理企业"、陕西省"先进工程监理企业""陕西省工程造价咨询先进企业"、西安市"先进监理企业"等荣誉称号，并获评中国建设监理协会、中国招标投标协会、中国建设工程造价管理协会 3A 级信用等级评价，"2021 年全国建设工程监理营收百强企业""西安市建设监理协会 30 强企业"等荣誉。

地　址：陕西省西安市雁塔区太白南路 139 号荣禾云图中心 4 层
邮　编：710065
电话 / 传真：029-88422682

（本页信息由普迈项目管理集团有限公司提供）

广告：企业推广

江西同济建设项目管理股份有限公司

一、基本情况

江西同济建设项目管理股份有限公司（证券名称：同济建管，证券代码：871076），隶属于江西省投资集团有限公司，是国有控股混改企业、国家高新技术企业、江西省科技型中小企业、江西省服务业龙头企业、江西省证监局北交所上市辅导备案企业；同时是中国煤炭建设协会监理委员会副理事长单位、江西省建设监理协会副会长单位、江西省招标投标协会副会长单位。

二、资质范围

公司主营业务有工程监理、项目管理、造价咨询、招标代理、项目代建、工程总承包、全过程工程咨询等。具有住建部工程监理综合资质，交通部公路工程监理、水利部水利工程监理、自然资源部地质灾害防治工程监理、煤炭、信息系统等多项专业工程监理资质，以及建筑工程施工总承包、电力工程施工总承包资质。

三、业务分布

公司下设 5 个专业事业部、13 家区域分公司、7 家控股子公司。业务遍及江西、河北、湖南、陕西、青海、甘肃、贵州、广东、广西、江苏、河南、辽宁、福建、海南、西藏、内蒙古、黑龙江等 20 多个省，涉及矿山、住宅、学校、医院、工厂、天然气、路桥、园林绿化、电力、垃圾发电节能环保项目等多个领域。

四、股权结构

公司注册资本 6700 万元。其中，萍矿集团占股 41%、中鼎国际占股 10%、何祥国（自然人）占股 28%、共青城同源投资管理合伙企业（员工持股平台）占股 21%。

五、员工结构

目前公司员工人数 807 人，其中，博士研究生 1 人、硕士研究生 39 人、本科生 256 人。公司现有班子成员 11 人，经营层平均年龄为 40 岁。

公司现有国家注册人员 649 人次。其中，住建部注册监理工程师 427 人、交通部监理工程师 22 人、水利部监理工程师 17 人；注册安全工程师 11 人、注册设备监理师 1 人、注册咨询工程师 9 人、注册建造师 131 人、注册造价工程师 22 人。勘察设计类人员有：一级注册结构工程师 2 人、注册土木工程师（岩土）1 人、一级注册建筑师 1 人、注册电气工程师 2 人、注册公用设备工程师 3 人。

六、数智监理平台

公司和北京致远互联软件股份有限公司（股票代码：688369）合作打造"同济建管数智监理平台"，研发孵化具有行业竞争优势的数智监理产品，现已全面上线数智监理综合管理平台，全面实现项目管理和综合办公数字化，努力形成监理咨询行业标杆并推广使用，实现经济社会双重效益。

智谷壹品工程全过程工程咨询项目　中国铁建和平央著全过程工程咨询项目

（本页信息由江西同济建设项目管理股份有限公司提供）

甘肃省金昌紫金云大数据产业园数据中心一期建设项目　江西理工大学新校区建设项目

三江源国家公园生态保护与建设工程项目　陕西沣西新城阿房一路跨沣河桥工程项目

国网江西赣州黄埠 220kV 变电站扩建工程　南方电网综合能源光伏发电项目

拉萨生活垃圾发电项目效果图　中国恩菲垃圾发电项目

江西省天然气管网工程项目　江中路道路工程（EPC）总承包（涉铁工程）监理项目

江西省贵溪市冷水坑矿区银铅锌矿项目　旭阳集团内蒙古焦化及制氢综合利用工程项目

广东 741 矿军工核设施退役治理二期工程项目　江西鄱阳湖湿地生态系统监测预警平台建设项目

广告：企业推广

张改莲　董事长

呼和浩特建设监理咨询有限责任公司

呼和浩特建设监理咨询有限责任公司创建于 1992 年，是内蒙古自治区首批成立的建设工程监理企业，其前身为呼和浩特建设监理咨询公司，1993 年呼和浩特市人民政府批复为国营企业，隶属呼和浩特市建筑工程管理局。2002 年改制为有限责任公司，迄今已有三十年的发展历程。目前公司具有房屋建筑工程、市政公用工程、机电安装工程、电力工程、人民防空工程、水利水电工程、农林工程、通信工程、地质灾害治理工程监理资质；公司还具备招标代理、政府采购代理、工程造价审计咨询、项目管理、全过程咨询服务，可以在全国范围内承接相应类别的工程业务。

公司坚持以人为本、人才强企的发展战略，在队伍建设和人才培养方面，注重发挥专业特色和一专多能型人才培养。公司中、高级技术职称人才储备充足，专业队伍精干高效。专业涵盖门类齐全，能够满足各类建设工程业务的需要。拥有一支高效、勤勉、专业的服务团队，推动了公司的健康快速发展，增强了企业的核心竞争力。

凭借着雄厚的专业实力、笃定的匠心精神、精湛的技术水平、丰富的经验储备以及优质的服务，逐步发展成为一个服务品质高、社会信誉好的监理企业。屡次斩获国家级"鲁班奖""国家优质工程奖""中国安装工程优质奖""中国钢结构金奖"；每年保持获得内蒙古自治区"草原杯""优质工程质量奖""优质样板工程""安装之星""安全文明示范工地"等奖项；呼和浩特市"青城杯""结构青山杯"等奖项；连续数年被上级主管部门和行业协会评为优秀监理企业、先进集体和 3A 级信用企业。

磨砺始得玉成，笃行方能致远。三十年来，公司始终坚持以发展为主题，以市场为导向，以创新发展为目标，立足本职，苦练内功，求真务实，把发展和创新作为企业生存和发展的必由之路，实现了企业从小到大，从弱到强，从优到精的迈进。与此同时，公司始终坚持抓党建与抓管理并举，加强党支部的自身建设，强化党对企业的引领，创新企业文化，为企业营造良好的工作和生活氛围。

三十年来，公司始终热忱社会公益事业，我们主动承担社会责任，通过捐赠、配合服务等方式献爱心。一件件善举、一个个踊跃向前的身影，深刻践行着把初心落实到行动中，把使命担在肩膀上，充分展现了一个企业的社会担当。

面对新的征程，我们将一如既往坚守行业准则和服务宗旨，不忘初心、牢记使命，以脚踏实地、精益求精的工作态度，求真务实、锲而不舍的拼搏精神，进一步加强自身建设，苦练内功，不断提升履职能力和服务质量，为广大业主和社会各界提供更好的服务。

（本页信息由呼和浩特建设监理咨询有限责任公司提供）

巨华国际大酒店

内蒙古肿瘤医院住院部大楼

呼和浩特市游泳馆

呼和浩特市华润润府项目

鄂尔多斯亿利城

内蒙古大窑嘉宾饮品生产基地

呼和浩特市敕勒川大桥

呼和浩特市巴彦淖尔路改造提升工程

内蒙古丰华热电厂

广告：企业推广

吉林梦溪工程管理有限公司

吉林梦溪工程管理有限公司（以下简称"吉林梦溪"）位于"北国江城"吉林省吉林市，公司起步于此，继承并发扬新时代石油精神，已经成长为国内炼化工程监理行业的排头兵。

吉林梦溪原名吉林工程建设监理公司，成立于1992年，隶属原吉林化学工业公司，是全国石化系统最早组建的综合资质监理单位之一。2010年，公司正式更名为吉林梦溪工程管理有限公司，现隶属中国石油集团工程有限公司北京项目管理分公司。

跟随时代的浪潮，吉林梦溪不断转型升级，历经31年的发展，已经成为以工程项目管理为主导、工程监理为核心，带动设备监造等其他业务板块快速发展的国内大型项目管理公司。公司服务领域涉及油田地面工程、炼化工程、油气储运工程、煤化工工程、房建市政工程、新能源工程等，能够为客户提供基本建设项目管理策划方案、项目管理团队，可开展项目管理、工程监理、设备监造、招标代理、项目策划、检维修监理、造价咨询、安全咨询、竣工验收等业务。公司发源于吉林，立足东北，布局全国，拓展海外，监管的项目获得"中国建设工程鲁班奖""新中国成立60年精品工程全国化学工业优质工程奖"等国家级奖项22项，获得"中国石油优质工程奖""辽宁省优质工程奖""甘肃省优质工程奖"等省部级奖项61项，并参与创造了多项工程建设的新纪录。

吉林梦溪始终精益求精、追求卓著，以建设国内一流、具有国际竞争力的工程项目管理公司为方向，坚持走"专业化、高端化、国际化"道路；作为全国炼油化工系统最早组建的综合资质监理单位之一，立足自身优势，找准发展定位，发扬自身特色，在深耕细作的基础上培育新的增长点。

走过31年的风雨，吉林梦溪以成熟的管理模式保障了项目的质量安全，做到了保质量、保安全、保进度，高标准完成建设目标。公司高度重视合规管理，不断完善公司制度体系，评审和修订相关制度，确保各项制度的适宜性和有效性；严格保证制度执行，为公司依法、合规、强化管理提供了基础保障；全面监督、识别风险、防范、化解重大风险；加强合规检查力度，通过联合检查、专项检查和日常工作督查，查找漏洞、分析原因，即知即改、应改尽改；对标标杆企业和先进经验，通过对标找差距，提升合规管理水平。

吉林梦溪以习近平新时代中国特色社会主义思想为指导，不断增强党组织凝聚力、提升党员战斗力，持续在班子建设、组织建设、人才建设等方面用力用功、融合创新，逐步形成了融合党建基础业务、党建重点工作、党建规划愿景于一体的"五抓三促双融合"特色党建品牌。

"公司始终坚持精益管理、精益求精，紧跟时代的脚步，以数字化转型、智能化发展为新动力，坚持做精工程监理，做专设备监理，做强项目管理，做大国际业务，努力发展全过程工程咨询服务业务，以炼油化工为核心，上、中、下游一体化发展，不断拓展业务领域，打造梦溪工程技术服务品牌。历经多年发展，每一次改革都为公司转型升级发展注入强劲动力。"以石油精神和大庆精神、铁人精神为底色，继往开来，勇攀高峰，在未来的发展过程中，吉林梦溪将继续努力建设国内一流、具有国际竞争力的项目管理公司。

（本页信息由吉林梦溪工程管理有限公司提供）

广东石化炼化一体化项目

恒逸文莱PMB石化项目设备监造

尼日尔Agadem油田一体化项目——炼厂部分装置区夜景

中国石油广东石化炼化一体化项目码头工程

神华包头煤化工有限公司煤制烯烃项目60万t年甲醇制烯烃装置

中国石油吉林石化炼油化工转型升级项目开工

中国石油辽阳石化俄罗斯原油加工优化增效改造项目

中国石油四川石化1000万t年常减压蒸馏装置

重庆广阳岛全岛建设及广阳湾生态修复
☆"长江风景眼、重庆生态岛"
☆全国第四批"绿水青山就是金山银山"实践创新基地
☆全国优秀工程咨询成果奖一等奖
☆第十一届"龙图杯"全国BIM大赛一等奖
☆第三届工程建设行业BIM大赛一等奖
☆第五届"优路杯"全国BIM技术大赛金奖
☆第四届"智建杯"国际智能建造创新大奖赛金奖
☆重庆市首届生态保护修复十大案例和全国18个生态修复典型案例
☆重庆市全过程工程咨询建筑师负责制试点项目
☆重庆市业态种类最丰富的全过程工程咨询项目

深圳桂湾四单元九年一贯制学校
☆国内首个数智化全过程工程咨询与香港建设工程管理模式结合项目
☆深圳市首个试点采用香港建设工程管理模式的学校类项目
☆深圳前海首个中小学一体化公立学校项目

江西省梅江灌区工程
☆国务院2022年重点推进六大新建灌区之一
☆水利行业首个数智化全过程工程咨询项目
☆水利部对口支援赣州的首个重大水利工程
☆赣州市迄今最大的水利工程
☆安全节水、智慧共享、生态友好的现代化灌区示范项目

西部（重庆）科学城·科学谷
☆重庆市未来的"科技研发创新中心和高新技术企业总部"
☆重庆市全过程工程咨询建筑师负责制试点项目
☆重庆市建筑体量最大的数智化全过程工程咨询项目
☆重庆市智能建造试点项目
☆《建设监理》杂志第二届"全过程工程咨询十佳案例"

同炎数智科技（重庆）有限公司

  同炎数智科技（重庆）有限公司定位为工程项目全生命期数智化服务首选集成商，是工程咨询领域的创新科技型企业。公司以实现"数智赋能美好生活"为企业使命，在全国率先揭出数智化全过程工程咨询创新模式。通过自主研发的系列平台，提供涵盖多专业、全阶段、强融合的数智化服务整体解决方案，致力于成为国际一流工程数智科技公司。

  公司秉承"创新、专业、服务"的企业精神，坚持"国际本土化、本土国际化"，引进国外广泛认可的工程咨询理念，汲取实践经验，结合中国行业特点，提供"产品+服务"数智整体解决方案，赋能客户和项目。

  公司历经多年的发展沉淀及项目经验积累，已获得多项专利、软著，并荣获数个国内外行业大奖。作为国家高新技术企业、重庆专精特新企业、重庆市重点软件和信息企业以及重庆市住房城乡建设领域数字化企业，公司通过博士后科研工作站等平台，整合多专业跨学科的创新人才资源，不断为行业培养、输送智建慧管的复合型人才。

【三大服务】

数智策划

  在全国数字化发展趋势下，数智策划服务应运而生。数智策划能够帮助建设主体在项目前期以全阶段视角和长效运维目标进行投资决策和数智规划，保障项目从智建到慧管的落地可行性，同时通过国际化视野、专业化融合、跨界化思维，以高端咨询服务为引领，根据客户需求以及项目特征，提供定制化+菜单式的服务模式，打造有特色、有亮点的数智策划方案，为客户提供创新服务，强化品牌打造，创造核心价值。

数智全咨

  基于建筑业信息化发展前景，遵循市场化为基础、国际化为导向的思想理念，结合数据化、标准化和可视化的自主研发平台（协同管理平台、企业信息化平台、数智运营管理平台），为工程建设提供从产业规划、投资决策、勘察、设计、建设到运营维护的全过程工程咨询、跨阶段咨询及同阶段不同类型咨询组合服务，通过多专业、全阶段、强融合的数智化服务整体解决方案赋能项目全生命周期，从而实现项目一体化、管理信息化、生产协同化、建设精细化、决策智慧化和资产数字化。

数智运营

  以长效运营为最终目标，将数智运营作为破解企业和空间管理者可持续发展难题、提升企业吸引力的重要手段。同炎数智以终为始的思维模式，提供从项目全生命角度出发的系统规划和前瞻性设计。基于自主研发的空间数智运营平台，助力工程建设项目实现从智建到慧管的转变。在建设期，确保BIM数据在运营期的有效继承和利用，充分发挥其价值。通过多维度的信息技术，将模型孪生发展为交互孪生，构建智慧化的生产、生活、生态运营场景，覆盖管理、服务、业务增收等核心功能，助力运营管理降本提质增收，最终使空间达成良性、协调、动态、可持续发展。目前在医院、园区、水利等方面有多个大型项目服务案例。

【三大产品】

i系列–i瞰建

  i瞰建是基于同炎数智多年全过程工程咨询管理丰富实践经验，打造的涵盖行业级监管、企业级管理和项目级管理三个层级的工程项目协同管理平台。该平台覆盖了项目建设的整个生命周期，同时具备增强监管效率、提升建设管理水平和优化项目执行效果的能力，实现信息流、资金流和业务流的跨层级、跨组织、跨部门的管理，形成多维度、全方位的管理体系，为各行业不同管理需求的用户提供定制化、高效率的建设管理整体解决方案。

  i瞰建作为全面整合多行业管理共性、特色和要点的平台，针对不同行业需求进行深入理解和专业适配，并细分为市政版、房建版、水利版等分支，具有高度的灵活性和定制化的特点，其中水利版基于BIM（建筑信息模型）+GIS（地理信息系统）+业务融合的数据底座，构建了水利行业专属的信息化架构，集可视、精管、高效、好用等创新应用和特色功能于一身，确保了平台能够更好地适应水利项目的特点，帮助提升工作效率，洞察复杂情况，优化资源配置，从而提高了项目管理的专业性、有效性和决策质量，是推动水利行业数字化转型的强大驱动力。

T系列–企业信息化平台

  企业信息化平台，根据企业需求定制功能，集成一体化的企业管理软件，包含采购、人力、财务、营销、项目、知识等板块，助力实现系统化、移动化管理，有助于企业内部资源和相关外部资源的整合。

Y系列–悠里

  悠里是一款基于数字孪生技术的空间运营管理平台，通过BIM、IOT、AI等技术1:1还原空间载体，对人、事、物、空间进行全连接、全可视，打造智慧安防、设备智能运营、资产管理、能效管理、环境空间、智慧服务等200+场景，以数字化方式给用户带来身临其境、智慧贴心的感受，实现建筑在运营阶段全方位、全过程、多维度、可视化的有效管控和服务体验的全面升级，让空间运营更智能、更懂你。

  "悠里"适用于各种类型的建筑，包括医院学校、酒店展馆、办公楼、商场、工厂等。通过该平台，有效实现管理空间内资源的合理化配置，服务用户，助力运营管理降本提质、安全高效、低碳节能。

本页信息由同炎数智科技（重庆）有限公司提供

广告：企业推广

华春建设工程项目管理有限责任公司

华春建设工程项目管理有限责任公司成立于1992年。历经32年的稳固发展，现拥有全国分支机构百余家，10个国家甲级资质，包括工程招标代理、工程造价咨询、中央投资招标代理、房屋建筑工程监理、市政公用工程监理、通信工程监理、电力工程监理、机电安装工程监理、政府采购、价格评估专业领域；拥有机电产品国际招标机构资格、军工涉密业务咨询服务安全保密条件备案资质，以及陕西省司法厅司法鉴定机构、西安仲裁委员会司法鉴定机构、工程造价司法鉴定机构、工程质量司法鉴定机构等10多项资质。公司先后通过了质量管理等五体系认证，业务涵盖建设项目决策咨询、造价咨询、招标策划、招标采购咨询、BIM管理咨询、PPP咨询、工程监理、设计管理与优化、造价司法鉴定、工程质量司法鉴定、建设项目后评价、全过程工程咨询、龙标招标投标交易平台、众创空间、党建咨询服务、工程咨询+互联网整体解决方案供应商等十六大板块，形成了建设工程全过程专业咨询综合型服务企业。

华春公司自成立之日起，始终秉承着"专业、规范、周全"的企业核心理念，遵循"诚信为本、认真负责、学习创新、专注一致、乐于奉献"的品牌价值观，以"项目管理专家"为企业定位，全力打造企业诚信文化品牌。入围入库财政部预算评审中心工程造价咨询机构、中直机关审计中介服务机构等中央、各省、市1000余家单位。先后完成了古武高速公路、蒲城城东污水处理、福州松山A片区基础设施等多个PPP项目，承担了宝鸡市教育中心、青海湖国家级风景名胜区保护设施建设项目、惠州市第二人民医院等多个工程的项目管理服务，使华春品牌在业界广誉深远，名噪同侪。

华春坚持"以奋斗者为本"的人才发展战略，筑巢引凤，梧桐栖凰。现拥有一级注册造价工程师123位、招标师54位、高级职称人员52位、一级注册建造师47位、注册监理工程师167位、软件工程师40位、工程造价司法鉴定人员19位、注册咨询工程师20位，并组建了由13个专业、1500多名专家组成的评标专家库，使能者汇聚华春，以平台彰显才气。

躬耕西岭，春华秋实，32年的深沉积淀，让华春林桃树李，实至名归。先后成为中国招标投标协会副会长单位、中国工程咨询协会特邀常务理事单位、中国土木工程学会建筑市场与招标投标研究分会副理事长单位、中国建设工程造价管理协会理事单位、中国建设监理协会会员单位、中国招标投标协会招标代理机构专业委员会执行主任单位、陕西省招标投标协会副会长单位、陕西省建设监理协会常务理事单位、陕西省建设工程造价协会副理事长单位、陕西省建设法制协会副会长单位、西安市建设监理与全过程工程咨询行业协会副秘书长单位等；先后获评全国招标代理行业、工程造价咨询企业、建设监理企业信用评估3A级单位；荣获2022年中国建筑业协会"中国建设工程鲁班奖"（华汉新世纪商城项目），2022年陕西省、西安市建设监理协会优秀监理企业，2022年度陕西省工程造价咨询行业三十强排名第二，西安国家版本馆建设先进单位等近百项荣誉，始终位于全国行业百强之列。

主编了《建设工程项目招标代理工作标准》，参编了《全过程工程咨询服务导则》、2022年版《建设工程招标采购从业人员培训教材》中的《建设工程招标采购法律法规》和《建设工程招标采购专业实务》部分以及《陕西省房屋建筑工程建筑信息模型实施与计费标准》、省价协《人、材、机费率修编》。

华春公司2014年成立党总支，2020年成立党委，现下设7个党支部，党员168名。董事长王莉及四名职工党员分别当选中共西安市碑林区代表大会党代表、碑林区第十九届人大代表。近年来分别被评为西安市"五星级企业党组织""精神文明建设先进单位"及陕西省"青年文明号单位""西安市工人先锋号""西安市模范职工小家"等称号。2021年，集团党委被评为"五好"示范党组织。

（本页信息由华春建设工程项目管理有限责任公司提供）

华汉新世纪商城（中国建设工程鲁班奖）

高陵姬家乡集中安置区五、六组团项目首建区监理项目

古武高速公路永定至上杭路段项目

商洛市黄沙桥片区棚户区改造项目二期天润佳苑

惠阳区第二人民医院

安化经开区循环经济创新科研基地一期项目

海南藏族自治州大数据产业园一、二期基础设施建设项目

瀛洲新苑棚户改造项目

秦汉智康云谷鸟瞰效果图

西安国家版本馆

陇南市武都区生态及地质灾害避险搬迁汉王片区集中安置点（二期）建设项目监理

华汉晶都建设工程

韩国NAM新材料项目航拍图

高新技术企业证书

马鞍山长江公路大桥（"詹天佑奖""鲁班奖""李春奖"）

10.5代薄膜晶体管液晶显示器件（TFT-LCD）项目（"鲁班奖"）

合肥香格里拉大酒店（"鲁班奖"）

六潜高速公路（"鲁班奖"）

中国银行客服中心合肥项目一期工程（国家优质工程奖）

安徽医科大学附属阜阳医院（国家优质工程奖）

灵璧凤凰山隧道（黄山杯）

十五里河流域综合治理工程

合肥市第一中学滨河校区项目管理与监理一体化

濉溪河西片区和乾隆湖片区综合开发全过程工程咨询

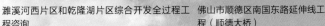

佛山市顺德区南国东路延伸线工程（顺德大桥）

合肥工大建设监理有限责任公司

　　合肥工大建设监理有限责任公司隶属于合肥工业大学，成立于1995年5月，国有全资企业。公司主营业务包括工程监理、项目管理、全过程工程咨询、招标代理、造价咨询等。

　　公司持有住建部工程监理综合资质，交通部、水利部等多项跨行业甲级监理资质。公司依托合肥工业大学土木工程、建筑规划、电气工程、资源环境、机械工程、工程管理等学科专业优势，形成了一支高端专业技术团队。公司拥有专业门类齐全的人才队伍，国家注册监理工程师382人，其他各类国家级注册证人员700余人次。正高级职称17人，副高级职称169人。

　　公司自成立以来取得了辉煌业绩。连续多年位居安徽省监理行业龙头企业（2021年排名第1位），全国百强监理企业（2022年排名第46位），获批国家高新技术企业。公司多次获得"詹天佑奖""鲁班奖""国优奖""黄山杯"等国家级和省部级奖项。连续多年荣获"全国先进监理企业""全国重合同守信用企业""安徽省先进监理企业"和"合肥市先进监理企业"等称号；公司同时是安徽省建设监理协会副会长单位、安徽省项目管理协会副会长单位。

　　公司承接的工程项目足迹遍及皖、浙、苏、闽、粤、辽、鲁、赣、川、青、蒙、新、渝、琼等地。高质量地完成一大批品牌工程、示范工程，如马鞍山长江大桥监理、合肥畅通二环监理、十五里河综合治理工程监理、合肥轨道交通3号线工程监理、合肥工业大学工程管理与智能制造研究中心监理、合肥市第一中学滨河校区项目管理与监理一体化、濉溪河西片区和乾隆湖片区综合开发全过程工程咨询等。

　　多年来，公司不断加强科技研发与创新，为行业的发展起到积极的示范与引领作用。公司主编或参编多项国家及地方标准规范，获得多项发明专利、实用新型专利。公司在业内创造性地建立并实施了监理企业技术标准，为持续提升监理服务与管理水平提供了有力的支撑。

　　未来，公司坚定不移地以习近平新时代中国特色社会主义思想为指导，在学校的坚强领导下，紧扣高质量发展之路，坚持诚信经营、科学管理；充分发挥高校的人才与科研优势，加强科技创新，实施智慧监理，为行业提供一流的监理咨询服务，为国家建筑事业的发展贡献工大监理人的汗水和智慧！

（本页信息由合肥工大建设监理有限责任公司提供）

广告：企业推广

苏州市建设监理协会

苏州市建设监理协会成立于2000年，2016年由原"苏州市工程监理协会"更名为"苏州市建设监理协会"。2019年"苏州市建设监理协会"同"苏州市民防工程监理协会"合并，继续沿用苏州市建设监理协会名称。目前，苏州市建设监理协会共有会员单位232家。其中，综合资质企业8家（本市2家），甲级资质企业169家，乙级资质企业55家，会员单位的从业人数约达2.3万人。

协会始终以《章程》为核心开展系列活动，自觉遵守国家的法律法规，主动接受住建、民政、人防等主管部门和国家、省行业协会的监督和指导，秉承"提供服务，规范行为，反映诉求，维护权益"的办会宗旨，积极发挥桥梁纽带作用，维系企业与政府、社会的关系，了解和反映会员诉求，积极引导行业规范化，提升行业凝聚力。协会分别在辅助政府工作、服务企业、团结会员、行业自律、行业增效等多个方面取得优秀成绩。

近年来，苏州市建设监理协会积极配合苏州市住房和城乡建设局开展监理行业综合改革，分别通过推进监理服务价格合理化、推进合同履行情况动态监管、加强监理人员"实名制"管理、推进监理记录仪配备和使用、强化相关检查考核等综合改革系列工作举措，多举并重、标本兼治，强化监理责任落实，完善监理工作机制，规范监理工作行为，全面提升现场质量安全监理水平。目前，全市工程项目监理取费得到了明显改善，大多数政府投资（含国有资金）工程的监理服务价格维持在原国家发展改革委、建设部关于印发《建设工程监理与相关服务收费管理规定》的通知（发改价格〔2007〕670号）的70%~80%；大多数非招标监理项目的合同额一般不低于当期《监理行业服务信息价格》。工程重要部位和关键工序的质量安全管理工作得到加强，质量安全事故隐患得到有效控制。2022年4月又对"现场质量安全监理监管系统"进行整体升级，功能模块得到优化，较之前增加了监管部门审查意见、苏安码检查、质量安全关键节点上报、进度上报、"一帽一服"等内容。"现场质量安全监理监管系统"各项功能模块操作简便可靠，运行基本正常，参与企业数、参与项目数、参与监理人数以及记录类统计数均呈现快速增长的态势。全市项目监理机构共配备了近万台监理工作记录仪，配备覆盖率约占工程监理人员70%左右。"现场质量安全监理监管系统"数据的存储、监理信息的共享，进一步增加监理工作的透明度，更加规范了监理工作行为。建筑施工质量、安全生产等工作始终保持在平稳有序的受控状态，为全面提升建筑施工现场质量安全监理水平提供支持，有力推动监理行业创新改革发展。

苏州市建设监理协会始终坚持党建引领，紧紧把握新时代发展的特点，围绕行业改革发展大局，认真贯彻落实党的二十大精神，扎实开展各项工作，有序推动行业健康发展，不断提升会员单位的工程项目管理水平，为助力行业高质量发展做出更大贡献。

（本页信息由苏州市建设监理协会提供）

赴大别山革命老区开展党性教育活动（1）

赴大别山革命老区开展党性教育活动（2）

全市监理书画作品展

协会六届一次正副会长会议

江苏省百万城乡竞赛职工职业技能竞赛